Hans-Peter Karp · Gesunde Pferdefütterung

Hans-Peter Karp

Gesunde Pferdefütterung

Einbandgestaltung: Kornelia Erlewein
Titelfotos und Fotos Rückseite: Sabine Heüveldop

Bildnachweis: Archiv DERBY Spezialfutter GmbH (S. 22, 46, 67, 70, 87, 93, 110, 123, 139, 147, 150),
Eberhardt, Dr. Joachim (S. 158, 159, 160, 161, 162), pixelio.de/Dr. Klaus Uwe Gerhardt (S. 161 u.),
privat (S. 57, 125), Schönewald, Udo (S. 148), Zech, Dr. Karsten (S. 124)
Alle übrigen Fotos stammen von Sabine Heüveldop, www.vetpix.de

Alle Angaben in diesem Buch wurden nach bestem Wissen und Gewissen gemacht. Sie entbinden den Pferdehalter nicht von der Eigenverantwortung für sein Tier. Für einen eventuellen Missbrauch der Informationen in diesem Buch können weder der Autor noch der Verlag oder die Vertreiber des Buches zur Verantwortung gezogen werden. Eine Haftung für Personen-, Sach- und Vermögensschäden ist ausgeschlossen.

ISBN 978-3-275-01774-4

Copyright © 2011 by Müller Rüschlikon Verlag
Postfach 103743, 70032 Stuttgart
Ein Unternehmen der Paul Pietsch Verlage GmbH+Co
Lizenznehmer der Bucheli Verlags AG, Baarerstr. 43, CH-6304 Zug

Sie finden uns im Internet unter www.mueller-rueschlikon-verlag.de

1. Auflage 2011

Nachdruck, auch einzelner Teile, ist verboten. Das Urheberrecht und sämtliche weiteren Rechte sind dem Verlag vorbehalten. Übersetzung, Speicherung, Vervielfältigung und Verbreitung, einschließlich Übernahme auf elektronische Datenträger wie CD-ROM, Bildplatte usw. sowie Einspeicherung in elektronische Medien wie Bildschirmtext, Internet usw. sind ohne vorherige schriftliche Genehmigung des Verlages unzulässig und strafbar.

Gesamtleitung: Claudia König
Lektorat: Sabine Heüveldop
Innengestaltung: Sabine Heüveldop
Druck und Bindung: Realsziatema Dabas AG, 2373 Dabas
Printed in Hungary

Meinen Eltern gewidmet.

In Erinnerung an meinen ostpreußischen Großvater Paul Karp,
dem ich ebenfalls viel Wissen um das Pferd verdanke.

Besonderer Dank gilt meiner Frau sowie allen Freunden und Kollegen,
die mich in meiner Arbeit unterstützt und bestärkt haben.

Inhalt

1 Einführung
Vorwort 8
Einleitung 10
Historischer Rückblick 12

2 Die Ernährung des Pferdes
Grundlagen der Fütterung 16
Bedürfnisse des Pferdes 19
Welche Nährstoffe braucht das Pferd? 22

3 Futtermittel und Fütterungspraxis
Einzelfuttermittel 38
Raufutter 39
Saftfutter 41
Kraftfutter 41
Luzerne 45
Weitere Futtermittel 47
Mischfutter 52
Die Futterbewertung 56
Die Bewertung von Pferdefutter auf Basis der umsetzbaren Energie? 57
Energiebedarf ermitteln 59
Futterration gestalten 60
Checkliste zur Rationsberechnung 65
Spezielle Fütterungssituationen und Beispielrationen 66
Die Fütterung von Stuten, Fohlen und Jungpferden 82
Alltägliche Probleme und spezielle Situationen 100
Grundsätze der Fütterung alter Pferde 102
Fütterung auf der Weide 106

4 Management von Wiesen und Weiden

Was zeichnet eine gute Weide aus?........................... 114
Düngung und Pflege des Grünlands 116
Futterkonservierung................................... 120
Kraut oder Unkraut?................................... 123
Weideeinrichtungen................................... 125

5 Fütterungsbedingte Erkrankungen

Futtermittelhygiene.................................... 128
Störungen des Verdauungstraktes 130
Stoffwechselstörungen 136
Die Fütterung allergischer Pferde........................... 142
Schädliche Inhalts- und Begleitstoffe........................ 143
Welche diätetischen Futtermittel können sinnvoll sein?............ 146
Nutzen und Risiken von Kräutern in der Pferdefütterung........... 148
Fütterung und Leistungsfähigkeit 150
Fütterungskontrolle 152
Zusammenfassung.................................... 157

6 Anhang

Giftpflanzen.. 158
Landwirtschaftliche Untersuchungs- und Forschungsanstalten 163
Kleines Lexikon der Pferdefütterung und Futtermittelkunde 165
Abkürzungen auf einen Blick............................. 170
Literaturverzeichnis 171
Stichwortregister 173

Vorwort

Liebe Leserinnen und Leser,

Nach relativ kurzer Zeit liegt Ihnen nun ein aktualisiertes Buch zum Thema »Gesunde Pferdefütterung« vor. Es baut auf den Grundlagen meines Buches aus dem Jahr 2004 auf. Das Ziel besteht nach wie vor darin, die umfangreichen Themen rund um Pferdefutter und Pferdefütterung möglichst praxisnah und leicht verständlich darzustellen.

Ich möchte den Lesern danken, die durch konstruktive Kritik zu Veränderungen und Anpassungen beigetragen haben. Besonders habe ich mich über zahlreiche Hinweise und Empfehlungen meiner Kollegen und vieler Praktiker aus der Pferdeszene gefreut, die ich gerne berücksichtigt habe. Ein besonders spannendes Kapitel in der Pferdefütterung

Die Pferdefütterung, ein umfangreiches Thema. Abhängig von Alter, Haltung, Einsatz und Gesundheitszustand stellen Pferde unterschiedliche Anforderungen an ihre Ernährung.

Vorwort

ist derzeit die Frage der Energiebewertung. Ein Aspekt, der unter dem Gesichtspunkt der Leistung von fundamentaler Bedeutung ist. Hier stehen wir vor grundlegenden Veränderungen in der Bewertung: Das bisherige System, eine Bewertung auf Basis der verdaulichen Energie, soll durch ein System auf Basis der umsetzbaren Energie abgelöst werden. Da diese Änderung bislang noch nicht offiziell eingeführt worden ist, habe ich mich darauf beschränkt, ein Statement und eine entsprechende Quellenangabe von Frau Prof. Annette Zeyner zu diesem Thema in den Text aufzunehmen. Der interessierte Leser hat damit die Möglichkeit, sich schon vor Einführung des neuen Systems mit der Materie zu befassen. Für die Bereitstellung dieser Informationen danke ich Frau Prof. Zeyner, Sprecherin der Arbeitsgruppe zur Energiebewertung. Mein Dank gilt auch Dr. Karsten Zech, Fachtierarzt im Pferdegesundheitsdienst der Landwirtschaftskammer Niedersachsen und Sprecher des Ausschusses für Tierschutz des Pferdesportverbandes Weser-Ems. Er hat wichtige Hinweise zu tierschutzgerechten Weideeinrichtungen beigesteuert. Ebenfalls bedanken möchte ich mich bei Claudia König vom Müller Rüschlikon Verlag für die Anregung zu diesem Buch sowie Sabine Heüveldop für das Bildmaterial und die grafische Gestaltung.

Ich wünsche Ihnen viel Freude
bei der Lektüre

Dr. Hans-Peter Karp

Der Autor

Dr. Hans-Peter Karp absolvierte das Studium der Agrarwissenschaften an der Universität in Bonn und schrieb seine Diplomarbeit über den Einfluss der Fütterung auf Gesundheit und Leistung. In seiner Promotion zum Doktor der Agrarwissenschaften beschäftigte er sich mit dem Mineralstoffwechsel bei Vollblütern im Wachstum.

Nach dem Studium arbeitete er als Gestütsleiter sowie als Mitarbeiter des Pferdezuchtverbandes Baden-Württemberg in den Bereichen Leistungsprüfung, Vermarktung und Kleinpferdezucht.

Heute ist Hans-Peter Karp als Produktmanager für Pferdefutter tätig. Als Reiter, Züchter und Turnierrichter hat er einen ganz persönlichen und direkten Bezug zu Sport und Zucht. Sein erklärtes Ziel ist es, aus der Praxis für die Praxis zu arbeiten.

Einleitung

Warum dieses Buch? Obwohl die Pferdehaltung in Deutschland nach einer Krise in der Mitte des letzten Jahrhunderts zu einer neuen Blüte gelangt ist, sind die Grundlagen der Pferdefütterung vielen Pferdehaltern immer noch wenig vertraut. So bewegt sich die Pferdefütterung häufig zwischen mittelalterlichem Aberglauben und schlechten Angewohnheiten.

Seit Mitte der siebziger Jahre des vergangenen Jahrhunderts ist das wissenschaftliche Interesse an Fragen der Pferdefütterung deutlich gestiegen. Zahlreiche Forschungsergebnisse von Universitäten und Fachhochschulen stehen mittlerweile zur Verfügung. Wissenschaftler tun sich allerdings oft schwer mit der Verbreitung ihrer Erkenntnisse. Der Praktiker neigt häufig dazu, wissenschaftliche Veröffentlichungen nicht ernst zu nehmen bzw. deren Ergebnisse nicht wahrhaben zu wollen. Nun gibt es aufgrund der jahrhundertealten Tradition der Pferdehaltung zahlreiche aus der Praxis abgeleitete Erfahrungen, die auch überliefert worden sind. Trotzdem ist die Pferdehaltung und speziell die Pferdefütterung von vielen Fehldeutungen und Missverständnissen geprägt, die schwer zu korrigieren sind, da sie häufig sogar in Fach-

Die Grundlagen der Pferdefütterung sind vielen Pferdehaltern wenig vertraut.

Einleitung

zeitschriften oder Büchern kritiklos übernommen und weiterverbreitet werden.

Ein Beispiel: Seit über 2.000 Jahren ist die Gefahr der Hufrehe durch Gerstenfütterung bekannt. Bei den alten Griechen lautete das Wort für Hufrehe Gerstenkrankheit. Dennoch wird auch heute noch selbst von Tierärzten die Überfütterung mit Eiweiß als Ursache von Hufrehe angegeben, obwohl die Auslösung von Hufrehe durch Maisstärke und Gerstenstärke oder auch Fruktane sogar wissenschaftlich belegt ist.

Ein anderes Beispiel aus der Futtermittelkunde ist die irrige Ansicht, dass Hafer besonders eiweißreich ist und deshalb Probleme verursacht. Abgesehen davon, dass in Deutschland Eiweiß in beinahe hysterischer Furcht betrachtet wird (in England, Frankreich oder den USA kennt man diese Angst nicht), liegt der Eiweißgehalt von Hafer im Durchschnitt lediglich bei ca. 11 %.

Die meisten Pferdehalter wissen recht wenig über die Inhaltsstoffe unserer Futterpflanzen. Warum sträubt sich sowohl der Laie als auch der erfahrene Praktiker gegen Übernahme neuer Erkenntnisse? Oft sind es die unverständliche Sprache des Theoretikers und die Unmenge an Zahlen und Tabellen, die abschrecken.

Nun wird niemand, der sich ernsthaft mit Fragen zur Futtermittelkunde und Ernährung auseinandersetzen will, völlig auf Fachausdrücke und Faustzahlen verzichten können. Trotzdem soll versucht werden, durch wissenschaftliche Erkenntnisse, Tradition und praktische Erfahrung gewonnenes Wissen anschaulich zu vermitteln. Dabei soll der Leser ein besseres Gespür für die Ansprüche

Wissenschaftliche Erkenntnisse und praktische Erfahrungen liefern fundierte Informationen zur Pferdefütterung.

des Pferdes und ein besseres Gefühl für die Möglichkeiten der entsprechenden Bedarfsdeckung bekommen. Zusätzlich soll der Leser jedoch auch zum kritischen Hinterfragen althergebrachter Fütterungsmethoden und Futterrezepte angeregt werden.

Gerade weil der Autor als Pferdehalter und Züchter selbst über eine 30-jährige Erfahrung in der praktischen Pferdefütterung verfügt, möchte er sich als Vermittler zwischen Theorie und Praxis für die Belange des Pferdes und des Pferdehalters einsetzen und den Leser dazu anregen, über Althergebrachtes nachzudenken und aus Fehlern der Geschichte der Pferdefütterung zu lernen.

Historischer Rückblick

Seit Jahrtausenden begleitet das Pferd den Menschen. Für den Steinzeitmenschen war das Pferd zunächst nur Jagdbeute, aus der sich ein schmackhafter Braten zubereiten ließ. Sehr bald änderte sich jedoch die Nutzung des Pferdes. Pferde wurden im Krieg vor Streitwagen gespannt und bei der Jagd eingesetzt. Die Haltung und Fütterung erfolgte in für Pferde günstigen Regionen mit weiträumigen Weidegebieten.

Für ausgedehnte Kriegszüge war eine entsprechende Futtergrundlage nötig und noch im Mittelalter waren Feldzüge eigentlich nur im Sommer durchführbar, wenn der Pflanzenwuchs die Ernährung großer Pferdebestände auf engem Raum möglich machte.

Auch in der Neuzeit waren Kriege im Winter sehr problematisch, weil es oft nicht gelang, Futter in ausreichenden Mengen für große berittene Einheiten über weite Entfernungen zu transportieren. Bereits in den Napoleonischen Kriegen Anfang des 19. Jahrhunderts versuchte man, Futterkonserven in Form von Pferdebiskuits herzustellen.

Noch im 2. Weltkrieg wirkte sich das Problem einer mangelnden Versorgung mit Heu und Stroh verheerend aus, selbst wenn Kraftfutter in Form von Hafer ausreichend zur Verfügung stand. Die Kavalleriepferde verhungerten sozusagen vor vollen Haferkrippen, weil ihnen Heu als Raufutter fehlte. Zwischen den beiden Weltkriegen spielte das Pferd als Arbeitstier in der Landwirtschaft eine große Rolle und war auch ein wichtiges Transportmittel für Handel und Gewerbe. In den Großstädten gehörte noch in den zwanziger Jahren des letzten Jahrhunderts das Pferd zum vertrauten Bild auf den Straßen. Eine Stadt wie Berlin hatte in dieser Zeit 20.000 Pferde, deren Versorgung ein großes Problem darstellte.

Seit Ende des 2. Weltkriegs spielt das Pferd beim Militär keine Rolle mehr. Mit der Motorisierung verschwand es auch mehr und mehr aus der Landwirtschaft und dem Transportwesen. Das Pferd wird seitdem hauptsächlich in der Freizeit und im Turniersport genutzt. Mit diesem Aufschwung hatte wohl niemand gerechnet. Seit 1970 stiegen die Pferdebestände in Mitteleuropa kontinuierlich und haben um die Wende vom 20. zum 21. Jahrhundert zu einer neuen Blüte der Pferdehaltung geführt. Auch wenn die Anforderungen an das Pferd heute völlig andere sind, als damals beim Militär und in der Landwirtschaft, so haben sich die Grundbedürfnisse des ursprünglichen Steppentiers nicht geändert. Leider haben die Kenntnisse rund um die Pferdefütterung und Pferdehaltung nicht mit der stürmischen Entwicklung der Pfer-

Historischer Rückblick

debestände Schritt gehalten. Der moderne Pferdehalter ist meist nicht mehr mit Pferden aufgewachsen. Selbst in landwirtschaftlichen Betrieben fehlt häufig das nötige Basiswissen über die natürlichen Bedürfnisse des Pferdes. Der zukünftige Erfolg in der Pferdezucht und Reiterei wird sehr stark davon abhängen, ob es gelingt, diese Grundkenntnisse weiterzuvermitteln.

Folgende Aspekte sind zu Anfang des 21. Jahrhunderts besonders in der Diskussion: Haltung und Aufzucht von Pferden unter möglichst naturnahen Bedingungen. Artgemäße Fütterung, das heißt die Möglichkeit der Futteraufnahme von über 15 Stunden am Tag. Ausdehnung der Weideflächen aufgrund der agrarpolitisch bedingten Rückgänge in der Rinderhaltung. Pensionspferdehaltung und Produktion von Futtermitteln für Pferde als Einkommensalternative für Landwirte.

Auch in der Neuzeit spielte das Pferd beim Militär eine wichtige Rolle. Vorne ein Husarenoffizier, dahinter ein Ulan, um 1870.

Adelige Zugkraft: Bei Hofe wurden Altkladruber als prunkvolle Gala-Karossiers eingesetzt.

Kapitel 2

Die Ernährung des Pferdes

Grundlagen der Fütterung	16
Grundlagen der Verdauung	16
Magen	16
Dünndarm	17
Dickdarm	18
Bedürfnisse des Pferdes	19
Wie viel frisst ein Pferd?	21
Welche Nährstoffe braucht das Pferd?	22
Eiweiß	22
Kohelnhydrate	23
Fett	25
Wasser	26
Mineralien	27
Spurenelemente	30
Vitamine	31
Wirkungsweise der Vitamine	31
Salzleckstein oder Mineralleckstein?	34

2 Die Ernährung des Pferdes

Grundlagen der Fütterung

Eine artgemäße Fütterung des Pferdes, die anatomische und physiologische Bedingungen sowie die Leistungsanforderungen berücksichtigt, bildet die Voraussetzung für gesunde und leistungsfähige Pferde. Dabei muss beachtet werden, dass Aufbau und Funktion des Verdauungsapparates beim heutigen Sportpferd immer noch an das ursprüngliche Leben in der Steppe angepasst sind.

Pferde nehmen unter natürlichen Bedingungen ständig kleine ausgewählte Futtermengen auf, wobei sie auf die Verwertung von faserreichem Pflanzenmaterial eingestellt sind, das sie mit Hilfe einer üppigen Dickdarmflora abbauen. Pferde richtig zu füttern heißt, die Rationen so zu gestalten, dass das biologische Gleichgewicht der Bakterienflora im Dickdarm gefördert wird.

Grundlagen der Verdauung

Wie ist das sensible Verdauungssystem des Pferdes aufgebaut und welche Vorgänge finden in den einzelnen Abschnitten statt?

Das Verdauungssystem des Pferdes ist an die Aufnahme rohfaserreichen Pflanzenmaterials angepasst. Als ehemaliger Steppenbewohner ist das Pferd auf eine ständige Aufnahme kleiner Mengen grobfaserigen Pflanzenmaterials eingestellt. Die kräftigen Backenzähne können grob strukturierte Futtermittel wie Heu oder Stroh, aber auch Körner wirkungsvoll zerkleinern. Hohe Anteile von kaufähigem Raufutter, auch als Grobfutter bezeichnet, verbessern die Kautätigkeit und die Speichelbildung. Der Speichel des Pferdes enthält allerdings keine Verdauungsenzyme, sondern

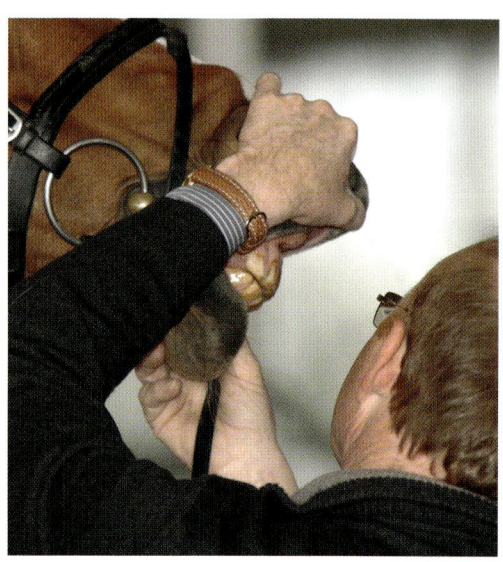

Gute Zahn- und Gebissgesundheit sind Grundlage ungestörter Futteraufnahme.

dient lediglich zur Verbesserung der Gleitfähigkeit des Futters, das nach einigen Kauschlägen über den Schlund in den Magen gelangt. Da die Speiseröhre einem eng zusammengefalteten Schlauch ähnelt, kann es bei quellfähigem Material, wie beispielsweise Trockenschnitzeln oder Möhrentrester, leicht zu Schlundverstopfungen kommen.

Magen

Der Magen des Pferdes ist mit einem Fassungsvermögen von 15–20 Litern relativ klein. Bei schnellem Fressen und geringer Kautätigkeit kommt es aufgrund verminderter Speichelbildung bei Krippenfutter zu einem relativ trockenen Speisebrei im Magen, der dort von der Salzsäure nicht ausreichend durchfeuchtet wird. Fehlgärungen mit entsprechender Gasbildung können entstehen, die zu einer Überdehnung des Magens führen. Auch des-

Grundlagen der Fütterung

halb ist es wichtig, dass Sie viel Raufutter füttern und die Kraftfuttermenge auf mehrere kleine Mahlzeiten aufteilen. Schmerzhafte Koliken bis hin zur Magenzerreißung können die Folge überhöhter Aufnahme von keimhaltigem Krippenfutter sein. Unter normalen Bedingungen ist die Salzsäure im Magen in der Lage, schädliche Keime abzutöten. Außerdem aktiviert die Magensäure die Eiweiß spaltenden Enzyme.

Dünndarm

Im 20 Meter langen Dünndarm (beim Großpferd) findet die Verdauung der leicht verdaulichen Anteile der Nahrung statt. In diesem Abschnitt werden ca. 70 % des Proteins und 90 % des Fettes aus der Nahrung verdaut. Die Enzymaktivität zur Stärkeverdauung ist sehr schwach ausgeprägt. Haferstärke wird zwar zu 80 % verwertet, die Stärke aus Gerste und Mais dagegen wird relativ schlecht verdaut. Unter ungünstigen Bedingungen beispielsweise bei hohen Stärkemengen in unbehandelter Gerste bzw. Mais wird nur ein Drittel verwertet. Der Rest fließt zunächst unabgebaut in den Dickdarm und wird dort von den Mikroorganismen abgebaut. Durch Druck und Hitze (wie beim Pelletieren oder Extrudieren) können Stärketräger, wie Mais und Gerste aufgeschlossen werden, sodass die Verdaulichkeit im Dünndarm auf 80 % steigt.

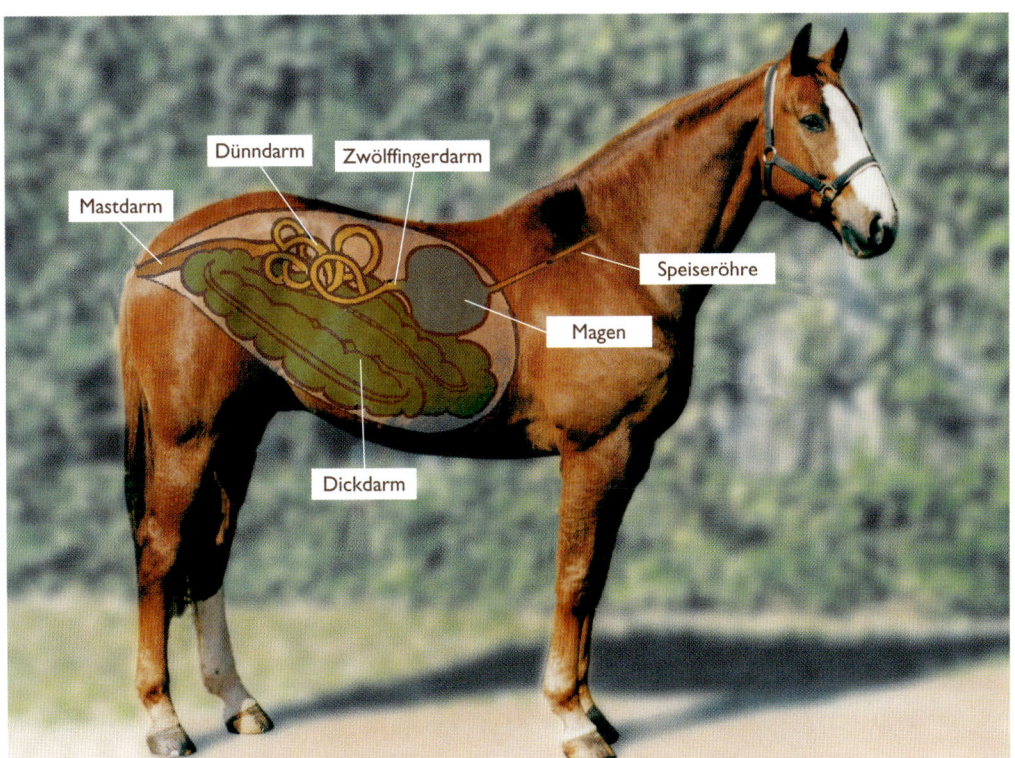

Schematische Darstellung des Magen-Darm-Traktes beim Pferd.

Die Ernährung des Pferdes

Dickdarm

a) Blinddarm

Der Blinddarm des Pferdes hat im Vergleich zu anderen Tierarten eine besondere Bedeutung. Hier finden mit Hilfe einer vitalen Mikroflora intensive mikrobielle Umbauprozesse statt. Zur Erhaltung eines für die Mikroflora günstigen Milieus ist ein hoher Gehalt an strukturierter Rohfaser in der Nahrung sehr wichtig.

Bei geringen Anteilen an strukturierter Rohfaser erfolgt – vor allem bei hohen Stärkemengen – ein Anstieg des Milchsäuregehaltes. Bei dem damit stark absinkenden pH-Wert kommt es zu einem Absterben der Darmbakterien mit entsprechender Toxinbildung und zusätzlich zu Schleimhautschäden. Hufrehe ist eine typische Folge einer solchen Blinddarmacidose.

b) Grimmdarm

Der Grimmdarm ist der größte Verdauungsabschnitt. Dabei wird zwischen den unteren (ventralen) und oberen (dorsalen) Abschnitten, die in Form zweier Hufeisen entgegengesetzt übereinander angeordnet sind, unterschieden.

Zunächst durchfließt der Darminhalt die weiträumigen unteren Grimmdarm-Abschnitte. Vor dem Becken verengt sich der Darminnenraum in der sogenannten Beckenflexur, von der aus sich der obere Dickdarmbereich (dorsales Colon) anschließt. Beim Durchfließen des Dickdarms wird der Darminhalt allmählich eingedickt. Der Dickdarm des Pferdes stellt einen wichtigen Wasser- und Elektrolytspeicher dar. Rationen, die ausreichende Mengen an Grobfutter, zum Beispiel

> **TIPP!**
>
> **So können Sie die Verdauung Ihres Pferdes günstig beeinflussen**
>
> - Füttern Sie viel grob strukturiertes Raufutter, dies fördert das Kauen und Einspeicheln und bereitet eine optimale Verdauung vor.
> - Geben Sie Kraftfutter immer erst nach dem Raufutter.
> - Kraftfutter mindestens auf drei Mahlzeiten verteilen.
> - Aufgeschlossene Stärketräger (mit heißem Wasserdampf und Druck aufgeschlossene Gersten- oder Maisflocken) sind besser verdaulich als unbehandelte Gersten- oder Maiskörner.
> - Bei gesunden volljährigen Pferden müssen Sie Hafer nicht quetschen, da die Haferstärke auch in unbehandeltem Zustand gut verdaulich ist.
> - Lediglich bei Fohlen oder bei alten Pferden mit Zahnschäden kann Quetschen von Hafer sinnvoll sein.
> - Quellfähige Futtermittel, wie Rübenschnitzel oder Weizenkleie gut in Wasser einweichen.

Heu enthalten, binden hohe Wassermengen und speichern damit auch Elektrolyte wie Natrium, Kalium und Chlorid im Dickdarm. Die Verdauungsvorgänge im Dickdarm spielen für die Energie- und Eiweißversorgung des Pferdes nur eine untergeordnete Rolle. Ein plötzlicher Futterwechsel kann das Gleichgewicht der Mikroben im Dickdarm erheblich stören. Hierbei kann sowohl ein Mangel als auch ein Überschuss an Rohfaser die Bakterienflora schädigen.

Zu wenig Grobfutter führt vor allem bei gleichzeitig starker Stärkeanflutung zu einer Übersäuerung mit anschließender Hufrehe (Übersicht S. 139). Ein Überschuss an Grobfutter, vor allem an Stroh, führt dagegen leicht zur Verstopfung. Von großer Bedeutung für den Stoffwechsel sind die Wasseraufnahme aus dem Dickdarm sowie die Aufnahme von B-Vitaminen, die im Dickdarm von Mikroben gebildet werden.

hartstängeliges und verholztes Pflanzenmaterial wird mit Hilfe der Bakterien und anderer Mikroben im Dickdarm noch verdaut.

Das Pferd ist unter natürlichen Bedingungen bis zu 18 Stunden mit der Futteraufnahme beschäftigt. Dabei bewegt es sich ständig in kleinen Schritten fort. Stets fluchtbereit ist das Wildpferd in der Lage, sich den räuberischen Wildtieren, wie u.a. dem Wolf, zu entziehen. Auch junge Fohlen haben als Nestflüchter bereits ein gutes Galoppiervermögen und können schon in den ersten Lebensstunden problemlos ihrer Herde folgen. Die hierfür notwendige Energie gewinnen sie aus der sehr gehaltvollen, weil milchzuckerreichen Stutenmilch.

Bedürfnisse des Pferdes

Will man ein Pferd artgerecht halten und ernähren, so macht es Sinn, sich zunächst mit den natürlichen Bedingungen zu beschäftigen, unter denen Wildpferde oder zumindest heute noch naturnah lebende Pferde existieren. Das Pferd ist als ursprünglicher Bewohner von Grassteppen in Asien beheimatet. Europäische Wildformen wie der Tarpan sind leider ausgestorben. Im Merfelder Bruch bei Dülmen in Westfalen sowie in einigen Naturschutzgebieten Polens leben noch einige mit dem Tarpan verwandte Pferde unter naturnahen Bedingungen. Das Hauptnahrungsspektrum dieser Pferde sind Gräser, in geringen Mengen auch kleeartige Pflanzen und Kräuter, sowie gelegentlich Laub und junge Triebe von Büschen und Bäumen. Der Verdauungstrakt des Pferdes ist vor allem auf Gräser sehr gut eingestellt. Auch älteres

Dülmener Wildpferde leben unter sehr naturnahen Bedingungen. In strengen Wintern wird allerdings Heu zugefüttert.

2 Die Ernährung des Pferdes

Die Natur hat die Zeit der Paarung und der Geburt zweckmäßig in das späte Frühjahr gelegt, da dann ein üppiges Pflanzenwachstum eine reichliche Versorgung der Stuten für die Fruchtbarkeit und Milchbildung sichert. Die Natur kennt in den von Pferden bewohnten Regionen neben Zeiten des Überflusses jedoch auch Zeiten extremen Mangels. In den Wintermonaten müssen die im Sommer angefressenen Reserven wieder mobilisiert werden. In harten Wintern sterben vor allem viele junge und alte Pferde an Futtermangel und Erkrankungen. Die noch im 19. Jahrhundert übliche Pferdezucht unter naturnahen Bedingungen ohne Stallhaltung in sogenannten Wildgestüten führte selbst in Mitteleuropa zu erheblichen Verlusten bei den Jungpferden. Oft starb die Hälfte des Bestandes. Erst eine Intensivierung des Anbaus von Futterpflanzen und eine effektivere Weidewirtschaft gegen Ende des 19. Jahrhunderts bewirkten hier Verbesserungen. Eine Orientierung an der Natur hat vor allem dann Grenzen, wenn größere und höher im Blut stehende Pferde, das heißt, Pferde mit hohem Anteil an Arabischem und Englischem Vollblut, gehalten werden. Robustrassen wie Shetland- und Islandponys erlauben aufgrund ihrer Anpassung an den kalten nordeuropäischen Winter eher die Haltung und Fütterung im Freien. Jedoch wird auch bei diesen Rassen oder auch beim Dülmener Wildpferd im Winter zugefüttert.

In dem Augenblick, wo mehr Leistung für den Arbeitseinsatz gefordert wurde, musste man sich wie die Mongolen dem Jahresrhythmus der Natur anpassen. Die Mongolen fangen zum Beispiel ihre Pferde für etwa 14 Tage aus der Herde, um sie zu reiten. Anschließend erhalten diese Pferde eine mindestens genau so lange Zeit zur Erholung in der weidenden Herde.

Unter den Anforderungen der Landwirtschaft und des Militärs hat eine naturnahe Haltung in der Sportreiterei bis heute eher Grenzen. Ohne energiereiche Futtermittel können die für diese Arbeit notwendigen Futtermengen in der begrenzten Weidezeit nicht aufgenommen werden. Im Winter wäre gar keine reiterliche Nutzung der Pferde möglich. Wichtig ist bei der Verwendung von energiereichen

> **Woran erkennen Sie eine gute Verdauung?**
> - Ihr Pferd nimmt die zugeteilten Futtermengen regelmäßig mit gutem Appetit auf.
> - Die Darmgeräusche sind gleichmäßig.
> - Die Pferdeäpfel sind gut geformt und werden regelmäßig abgesetzt.
>
> **Woran erkennen Sie mögliche Störungen?**
> - Das Pferd frisst nicht, oder hört nach kurzer Fresszeit plötzlich auf.
> - Wenig oder keine Darmgeräusche
> - Häufiges Schweifschlagen
> - Extreme Gasbildung
> - Weicher Kot mit höheren Wassermengen und saurem Geruch deutet auf eine Verdauungsstörung hin.

Bedürfnisse des Pferdes

Futtermitteln jedoch, dass die natürlichen Verdauungsvorgänge nicht gestört werden. An Art, Form und Aufbereitung der Futtermittel stellt das Pferd hierbei sehr hohe Ansprüche. Diese sollen in den folgenden Kapiteln näher erläutert werden.

Wie viel frisst ein Pferd?

Als einstiger Bewohner eher karger Steppengebiete ist das Pferd an eine kontinuierliche Futteraufnahme angepasst. Unter naturnahen Bedingungen auf der Weide wird das Pferd entsprechend seinem artgemäßen Kau- und Fressbedürfnis 16 bis 18 Stunden am Tag Futter aufnehmen. Wenn man dabei unterstellt, dass ein ausgewachsenes Pferd mit ungefähr 600 kg Körpergewicht je nach Qualität und Menge der Weidepflanzen 3 bis 4 kg Weidegras in einer Stunde aufnimmt, kommt es unter solchen Verhältnissen auf eine Futtermenge von 50 bis über 60 kg am Tag.

Nun ist Weidegras sehr wasserreich. Nimmt man an, dass 20 % des Grases aus Trockensubstanz und 80 % aus Wasser bestehen, so entspricht dies einer durchschnittlichen Trockensubstanzaufnahme von 10 bis 12 kg am Tag. Als Faustzahl kann man 2,0 kg Trockensubstanz je 100 kg Körpergewicht zugrunde legen. Diese Faustzahl sollte man immer im Hinterkopf behalten, wenn man Rationen be-

Praxisbeispiel

Futtermengen für Pferde unterschiedlicher Körpermasse am Beispiel von Heu mit 85 % Trockenmasse und Wiesengras mit 20 % Trockenmasse

Haflinger
9,0 kg Trockenmasse
zum Beispiel
10,5 kg Heu oder
52,5 kg Weidegras

Shetlandpony
4,0 kg Trockenmasse
zum Beispiel
4,7 kg Heu oder
20,0 kg Weidegras

Reitpferd
12,0 kg Trockenmasse
zum Beispiel
14,0 kg Heu oder
60,0 kg Weidegras

Dabei wird in diesem Rechenbeispiel unterstellt, dass das Pferd nur Heu oder Weidegras aufnimmt. Steigt im Verlauf der Vegetationszeit der Rohfaser- und der Trockenmassegehalt im Weidegras, so sinkt natürlich die aufgenommene Futtermenge. Bei 25 % Trockenmasse würde das für unser Beispiel bedeuten, dass das Shetlandpony 16 kg, der Haflinger 36 kg und das Reitpferd nur noch 48 kg Weidegras zu sich nehmen kann. Dies sind selbstverständlich nur Durchschnittswerte für Pferde, die 24 Stunden die Möglichkeit haben, nach Belieben Heu bzw. Weidegras zu fressen.

Die Ernährung des Pferdes

rechnet. Unter den Bedingungen der Stallfütterung werden Futtermengen oft nicht richtig zugeteilt. Der Anteil an strukturiertem Raufutter ist häufig zu niedrig, der Kraftfutteranteil dagegen oft zu hoch.

Eine Überfütterung mit Heu ist kaum möglich, da der Füllungszustand des Magen-Darm-Traktes zu einer Drosselung der Futteraufnahme führt. Bei Kraftfutter funktioniert aufgrund des Strukturmangels diese natürliche Regulation nicht. Bei dem extrem energiearmen Stroh kann es dagegen leicht zu Verstopfungskoliken kommen, wenn Energie nicht auf andere Weise, zum Beispiel über Kraftfutter aufgenommen wird.

Eiweißreich: Luzerne wird auch als Königin der Futterpflanzen bezeichnet.

Welche Nährstoffe braucht das Pferd?

Eiweiß

Die Hauptnährstoffe sind Eiweiß, Kohlenhydrate und Fette. Auch das Wasser ist lebensnotwendig. Eiweiß bildet die Hauptbausteine des Körpers und ist ein Bestandteil aller Körperzellen. Die Eiweißstruktur baut sich aus Hunderten bis Tausenden von Bausteinen auf, nämlich den stickstoffhaltigen Aminosäuren. Obwohl nur etwa 20 verschiedene Aminosäuren bei allen Lebewesen vorkommen, wird durch die unterschiedliche Folge dieser Aminosäuren eine ungeheure Vielzahl an Eiweißarten gebildet. Die Aminosäuren können somit als Grundbausteine des Lebens betrachtet werden.

Da Eiweiß ständig neu gebildet werden muss, besteht ein ständiger Bedarf an Aminosäuren. Während Pflanzen alle Aminosäuren für ihre Eiweiße selbst bilden, können Tiere, wie übrigens auch der Mensch, ihren Bedarf nur mit Hilfe von zugeführtem Nahrungseiweiß decken. Berücksichtigt man die große ernährungsphysiologische Bedeutung der Aminosäuren und der daraus gebildeten Proteine, so ist es Misstrauen, mit der Eiweiß liefernde Pflanzen in der Pferdeernährung häufig betrachtet werden, völlig unverständlich. Eiweiß, auch als Protein bezeichnet, ist aus den oben genannten Aminosäuren aufgebaut. Das sind organische Verbindungen, deren übereinstimmendes Merkmal darin besteht, dass sie neben Kohlenstoff, Wasserstoff und Sauerstoff auch Stickstoff enthalten. Eiweiß ist der Hauptbestandteil der Muskulatur. Keine Stoffgruppe wird in der Fütterung so ängstlich betrachtet, wie die der Eiweiße. Natürlich soll hier keiner Eiweißüberversorgung das Wort geredet werden. Alle Nährstoffe sollen dem Bedarf entsprechend angeboten werden.

In der Praxis werden viele Krankheiten, wie Hufrehe, Kreuzverschlag oder Schwellungen

Welche Nährstoffe braucht das Pferd?

der Gliedmaßen (Ödeme) fälschlicherweise mit Eiweiß in Verbindung gebracht. Die berühmten dicken Beine oder Gelenksgallen haben sicher in den seltensten Fällen etwas mit Eiweiß zu tun. Eiweißreiche Pflanzen, wie zum Beispiel Klee und Luzerne, gehören auch unter natürlichen Bedingungen zum Nahrungsspektrum unserer Pferde.

Die Eiweißgehalte in jungen Pflanzen schwanken sehr in Abhängigkeit von Pflanzenart und Wachstumsstadium. Das Weidegras im Mai ist extrem eiweißreich. Überaltertes Gras mit harten Stängeln dagegen reicht als Nahrung für Zuchtstuten und Fohlen oft bei Weitem nicht aus. Pferde, die sich im Wachstum befinden und Zuchtstuten, die Milch geben, benötigen besonders hohe Eiweißmengen.

Sehr viel Unwissen besteht in der Praxis auch über die Eiweißgehalte der wichtigsten Futtermittel. Hafer gehört nicht zu den eiweißreichen Futtermitteln.

Typische Eiweißfuttermittel:
- Milchpulver
- Soja
- Leinschrot
- Luzerne

Kohlenhydrate

Diese Stoffgruppe enthält zahlreiche aus Zuckermolekülen aufgebaute Stoffe, die als Energielieferanten eine bedeutende Rolle bei der Ernährung spielen. Je nachdem, ob es sich um Verbindungen handelt, die aus einzelnen Zuckermolekülen, aus zwei Zuckermolekülen oder aus vielen Zuckermolekülen aufgebaut sind, spricht man von Mono-, Di- oder Polysacchariden.

Verdauung von Kohlenhydraten

Saccharose
- maximal 5 g / kg Körpermasse / Tag
- bei ausgewachsenen Pferden, nicht bei Fohlen bis zum 7. Lebensmonat

Laktose
- nur bei Fohlen ausgeprägt, bei erwachsenen Pferden maximal 1 g / kg Körpermasse / Tag

Stärke
- je nach Stärkeart und Bearbeitungsgrad sehr unterschiedlich
- zu 80 % im Dünndarm verdaulich (aus Hafer)
- aus Mais, Gerste, Kartoffeln, Maniok nur in geringem Maße im Dünndarm

---

Wichtigste Zuckerverbindungen:

Monosaccharide
- Glukose
- Fruktose
- Galaktose
- Pentose

Disaccharide
- Rohrzucker (Glukose + Fruktose)
- Milchzucker (Glukose + Galaktose)

Polysaccharide
- Stärke
- Cellulose
- Pentosane
- Pektine
- Fruktane

Die Ernährung des Pferdes

Verdauung und Absorption der Kohlenhydrate

Magen	Dünndarm		Dickdarm
Stärke, Zucker ⇩ z. T. mikrobiell zu flüchtigen Fettsäuren und Milchsäuren zerlegt	Stärke, Rohrzucker ⇧ Glukose, Fruktose	Laktose ⇧ Glukose, Galaktose	Flüchtige Fettsäuren ⇧ Zellulose, Hemizellulose, Pektine, z. T. Stärke ⇩ Hoher Zufluss ⇩ Milchsäure

Beim Pferd ist die Enzymausstattung zum Abbau von Kohlenhydraten im Vergleich zu anderen Tierarten relativ gering. Im Speichel des Pferdes sind zum Beispiel – anders als beim Schwein – keine Stärke abbauenden Enzyme enthalten. Auch im Dünndarm des Pferdes ist nur eine geringe Aktivität von Stärke abbauenden Enzymen zu beobachten.

Insofern kann eine Überversorgung mit Stärke zu erheblichen Verdauungsstörungen und weiteren Schäden, wie zum Beispiel Hufrehe, führen. Auch die in Gräsern enthaltenen Fruktane können entsprechende Probleme auslösen. Mögliche Gesundheitsstörungen, deren Ursachen auf Defizite und Fehler in der Fütterung zurückzuführen sind, werden in Kapitel 5 angesprochen.

Folgende Futtermittel sind besonders stärkereich (Gehalt an Stärke in %):
- Weizen 70 %
- Mais 60 %
- Gerste 50 %
- Hafer 40 %

Beachten Sie, dass Stärke aus Mais, Weizen und Gerste im Dünndarm sehr viel schlechter verdaut werden kann, als Stärke aus Hafer (siehe Diagramm oben).

Als Höchstfuttermenge gelten in Bezug auf Stärke 2 g je kg Körpergewicht. Es muss jedoch darauf hingewiesen werden, dass unter ungünstigen Bedingungen auch schon niedrigere Stärkemengen zu Gesundheitsstörungen wie Kreuzverschlag führen können.

Welche Nährstoffe braucht das Pferd?

> **TIPP!**
>
> **Öl richtig dosieren**
> Sie sollten die Gabe von Öl langsam steigern und Ihrem Pferd nicht mehr als 1 g Öl je kg Körpergewicht und Tag geben. Diese Menge am besten auf drei Mahlzeiten verteilen.
> Das bedeutet, dass Sie einem 600 kg schweren Pferd dreimal täglich 200 g Öl verabreichen dürfen.

Fett

Obwohl das Pferd keine Gallenblase besitzt, hat es eine beachtliche Fähigkeit zur Fettverdauung. Fette sind ausgesprochen energiereich. Daher werden sie gerne in Rationen für Hochleistungspferde eingesetzt. Pflanzenöle enthalten bis zu dreimal so viel verdauliche Energie wie übliche stärkereiche Mischfutter oder Getreidekörner.

Der Vorteil von Ölen liegt aber nicht allein im hohen Energiegehalt, sondern auch in der Vermeidung von Verdauungsstörungen. Die bei stärkereichen Futtermitteln schnell auftretende pH-Wert-Absenkung kann durch Ölfütterung gebremst werden. Indem man die Energie über Öl zuführt, kann man die ungünstigeren stärkereichen Futtermittel zum Teil ersetzen. Neben diesen Wirkungen bestehen aber auch noch andere positive Effekte: Die Gefahr von Verstopfungen wird verringert. Die Aufnahme von fettlöslichen Vitaminen beziehungsweise deren Vorstufe wird verbessert. Insgesamt gibt es günstige Effekte für den Stoffwechsel im Hinblick auf die Steigerung der körpereigenen Abwehrbereitschaft. Aus aktuellen gesetzlichen Gründen (übrigens auch früher schon aus Geschmacksgründen) kommen für Pferde ausschließlich Pflanzenöle in Betracht.

Vom Energiegehalt her, bestehen nur unwesentliche Unterschiede zwischen den einzelnen Fettarten. Es können Soja-, Sonnenblumen-, Raps- oder Leinöl sowie Kokosfett verabreicht werden. Will man jedoch diätetische Sonderwirkungen erzielen, muss man die Eigenschaften des Fettes bzw. der enthaltenen Fettsäuren berücksichtigen. Außerdem bestehen erhebliche Unterschiede im Gehalt an verschiedenen Vitamin-E-Formen. Besonders hohe Vitamin-E-Gehalte weisen Weizenkeimöl und Leinöl auf. Leinöl enthält zusätzlich hohe Gehalte an Omega-3-Fettsäuren, die entzündungshemmend wirken.

Wie bereits erwähnt, hat das Pferd keine Gallenblase, in der der Fett spaltende Gallensaft

Die Ernährung des Pferdes

gespeichert wird. Stattdessen wird die Gallenflüssigkeit kontinuierlich aus der Leber in den Dünndarm abgegeben, sodass bis zu 15 % Fett im Kraftfutter vom Pferd aufgenommen und gut verdaut werden können.

Überhöhte Mengen an Öl können zu Verdauungsstörungen führen, wodurch die bakterielle Verdauung vor allem im Blinddarm gehemmt wird. Im Extremfall kann es sogar zu einer Blinddarmfäulnis kommen. Daher sollten Sie Ihrem Pferd nur 1 g Öl je kg Körpergewicht und Tag geben und die Mengen auf drei Mahlzeiten verteilen. Dies bedeutet, dass Sie einem 600 kg schweren Pferd dreimal täglich 200 g Öl verabreichen dürfen. Achten Sie dabei auf einen ausreichenden Gehalt an Vitamin E. Durch hohe Vitamin-E-Gehalte wird der Gefahr einer schädlichen Peroxyd-Bildung vorgebeugt. Bei Öleinsatz muss in jedem Fall der Vitamin-E-Gehalt der Ration erhöht werden. Sie sollten bei den erwähnten hohen Öldosierungen etwa das Doppelte der normalen Vitamin-E-Bedarfsempfehlung wie bei normal gefütterten Pferden verabreichen, d.h. Sie geben statt 1 mg Vitamin E je kg Körpergewicht entsprechend 2 mg je kg Körpergewicht. Selbstverständlich kommt nur Öl in bester Qualität in Frage, das kühl sowie ohne Luft- und Lichteinfluss gelagert wurde. Fette, die durch Oxidation verdorben sind, sind ausgesprochen gesundheitsschädlich.

Wasser

Auch Wasser ist ein lebensnotwendiger Nährstoff. Nahezu alle Stoffwechselvorgänge sind von einer ausreichenden Wasserversorgung abhängig. Die Regulation des Wasserhaushaltes in den Geweben ist daher lebenswichtig. Gerade Hochleistungspferde leiden sehr viel eher unter Wasser- und Elektrolytmangel als unter Energie- oder Eiweißmangel. Wassermangel führt sehr schnell zu Leistungseinbußen und Verdauungsstörungen.

Wenn Sie bedenken, dass bei normaler Fütterung täglich bis zu 120 Liter Speichel und Verdauungssekrete vom Pferd gebildet werden müssen, können Sie sich vorstellen, was Wassermangel für das Tier bedeutet. Der Wasserbedarf liegt bei 80–120 Litern am Tag. Verstopfungskoliken entstehen sehr häufig bei mit Kot verschmutzten Tränken, weil die Pferde dann kein Wasser mehr aufnehmen. Besonders im Herbst und Winter treten häu-

Lebensnotwendig: Wasser ist an fast allen Stoffwechselvorgängen beteiligt.

Welche Nährstoffe braucht das Pferd?

figer Verstopfungskoliken auf. Dies geschieht nicht nur, weil das Futter bei Stallfütterung trockener und rohfaserreicher ist, sondern auch, weil das Einfrieren der Selbsttränke oft nicht rechtzeitig genug bemerkt wird.

Auch Nierenkoliken treten bei Wassermangel gehäuft auf. Kontrollieren Sie also täglich die Funktion und Sauberkeit der Selbsttränken. Im Sommer sind Selbsttränken besonders kritische Nährböden für Bakterien.

Auch Weidetümpel sind gefährliche Trinkwasserquellen, weil sie Brutstätten für Parasiten sind (Leberegel!). Täglich erkranken unzählige Pferde durch Wassermangel oder verunreinigtes, unhygienisches Wasser.

Mineralfutter wird in verschiedenen Darreichungsformen angeboten vom Leckstein über Pellets bis zu Briketts (v.l.).

Mineralien

Mineralstoffe regeln wichtige Funktionen im Stoffwechsel und sind die Bausteine des Knochengerüstes. Absolut lebensnotwendig sind die in Gramm gemessenen Mengenelemente (weil sie in höheren Mengen benötigt werden), wie Calcium, Phosphor, Natrium, Magnesium, Kalium, Chlor sowie die in Spuren wirksamen Elemente (daher Spurenelemente!), wie Eisen, Kupfer, Zink, Selen, Schwefel, Fluor, Jod und Mangan. Ihr Bedarf liegt im Milligrammbereich. Beachten Sie, dass Spurenelemente wirklich nur in Spuren optimal wirken und dass ein deutliches Überangebot mindestens so gefährlich wie ein Mangel sein kann. Es kommt bei Überdosierung leicht zu Vergiftungserscheinungen, deren Symptome zunächst denen einer Mangelsituation ähneln. Bei sehr hoher Dosierung kann es sogar zu Todesfällen kommen.

Beachten Sie auch, dass Mineralstoffe in einem engen Wechselspiel zueinander stehen. Nach dem Gesetz des Minimums richten sich Wachstum und Entwicklung immer nach dem am stärksten im Mangel befindlichen Nährstoff, ein Ausgleich über ein anderes Element kann nicht erfolgen. Im Gegenteil – zu hohe Gaben eines Mineralstoffes können die Aufnahme eines anderen noch behindern. So beeinträchtigen hohe Kalkgaben beispielsweise die Aufnahme von Magnesium oder von bestimmten Spurenelementen.

Besonders wichtig ist ein harmonisches Calcium-Phosphor-Verhältnis für den Aufbau des Knochens, der hauptsächlich aus Calcium-Phosphaten besteht. Calciummangel und Phosphorüberschuss führen daher leicht zu Störungen in der Knochenentwicklung. Deshalb sollte das Calcium-Phosphor-Verhältnis bei etwa 2 : 1 liegen.

Ein besonders hoher Mineralstoffbedarf besteht bei Stuten während der Trächtigkeit und in der Phase der Milchbildung sowie bei Fohlen und Jungpferden für das Wachstum des Skeletts.

Die Ernährung des Pferdes

Funktion der Mengenelemente

Name	Funktion
Calcium	Baustein des Knochengerüsts, Beteiligung an der Blutgerinnung, Energiestoffwechsel und Reizübertragung in der Muskulatur
Phosphor	Baustein des Knochengerüsts
Magnesium	Wichtig für Enzyme im Nerven- und Muskelgewebe. Ein Mangel führt zu Krämpfen, Übererregbarkeit und Muskelzittern!
Natrium und Chlor	Regulation des Säure-Basen-Haushalts und des Wasserhaushalts. Bei schwitzenden Pferden kommt es zu hohen Verlusten!
Schwefel	Haut-, Fell- und Hufbildung

Empfehlungen zur Versorgung mit Mineralstoffen

	Calcium	Phosphor	Magnesium	Natrium	Kalium	Chlorid
Erhaltungsbedarf	30	18	12	12	30	48
Arbeit, mittel	32	18	13	45	48	98
Stuten						
tragend, 9.–11. Monat	45	30	13	14	32	49
laktierend, 3. Monat	61	46	15	16	42	54
Fohlen						
3.–6. Lebensmonat	40	28	6	6	12	18
7.–12. Lebensmonat	32	21	7	7	17	26

Empfehlungen für Fohlen und ausgewachsene Pferde mit 600 kg Körpergewicht (Angaben in g je Pferd und Tag; GfE 1994)

Welche Nährstoffe braucht das Pferd?

Funktion der Spurenelemente

Name	Funktion
Eisen	Bildung des roten Blutfarbstoffs und des Muskelfarbstoffs, Sauerstofftransport, Mangel bei Parasitenbefall und nach fiebrigen Erkrankungen
Kupfer	Blutbildung, Bildung von Nervengewebe und Pigment, Bindegewebsfunktion, Knochen- und Knorpelentwicklung
Zink	Bestandteil von Enzymen im Kohlenhydrat- und Eiweißstoffwechsel
Mangan	Wichtiger Faktor in Enzymen des Mineral- und Fettstoffwechsels, Mangel i.d.R. nur bei hohen Kalkgehalten, Überschüsse an Mangan können evtl. die Eisenaufnahme behindern.
Kobalt	Zentralatom des Vitamins B12, daher führt ein Mangel auch zum B12-Mangel, in der Praxis nur auf Sandböden Mangel denkbar.
Jod	Bestandteil der Schilddrüsenhormone, Jodbedarf in Meeresnähe meist gedeckt, Jodmangel vor allem in Süddeutschland bzw. im Alpenraum, Überversorgung vermeiden, Symptome bei Überversorgung wie bei Mangel
Selen	Bestandteil der Glutathionperoxidase, schützt Zellmembranen vor schädlichen Peroxiden, indem es diese inaktiviert, Mangel sehr häufig, Überversorgung kritisch (Hufrehe, Störung des Mähnen-, Schweif-, Fellwachstums, evtl. Lahmheiten).

Empfehlungen zur Versorgung mit Spurenelementen

	Eisen	Kupfer	Zink	Mangan	Kobalt	Jod	Selen
Fohlen	80–100	10–12	50	40	0,05–0,1	0,1–0,2	0,15–0,2
Zuchtstuten	80	8–10	50	40	0,05–0,1	0,1–0,2	0,15–0,2
Reitpferde	60–80	7–10	50	40	0,05–1	0,1–0,2	0,15

Empfehlung für Fohlen, Zuchtstuten und Reitpferde (Angaben in mg/kg Futter-Trockensubstanz; GfE 1994)

Die Ernährung des Pferdes

In Abhängigkeit zur Witterung schwanken die Gehalte der Futterpflanzen an Mineralstoffen und Spurenelementen sehr stark. In Norddeutschland ist das Gras in der Regel ärmer an Calcium als in Süddeutschland. Hingegen sind die Natrium- und Jodgehalte in Meeresnähe deutlich höher als in Süddeutschland.
Sehr unterschiedlich ist auch das Aneignungsvermögen der Weidepflanzen für Mineralstoffe. Kräuter und Leguminosen sind mineralstoffreicher als Gräser. Unter den Gräsern sind die Weidegräser wiederum nährstoffreicher als andere Gräserarten.
Berücksichtigen Sie, dass bei Belastung vor allem der Bedarf an den Elementen, die als Elektrolyte den Wasserhaushalt des Organismus regeln, stark ansteigt. Während der Calciumbedarf bei stärkerer Belastung nur unwesentlich zunimmt (von 30 auf 34 g pro Tag), so erhöht sich der Bedarf an Natrium, Kalium und Chlor beträchtlich, weil diese Elemente in erheblichem Maße über den Schweiß verloren gehen.
Der Bedarf an Natrium steigt beispielsweise für das Pferd beachtlich an, von 12 g pro Tag ohne Belastung auf 27 g bei leichter, 43 g bei mittlerer Arbeit und 85 g pro Tag bei schwerer Arbeit.

Spurenelemente
Eisen
Unter den Spurenelementen kommt dem Eisen als dem Zentralatom des roten Blutfarbstoffs eine besondere Bedeutung für den Sauerstofftransport im Organismus zu. Der tierische Organismus kann sowohl 2-wertige als auch 3-wertige Eisensalze verwerten. Eisenmangel tritt in der Praxis nach Erkrankungen mit Fieber oder nach starkem Parasitenbefall auf.

Kupfer
Kupfer ist bedeutend für die Bildung der wichtigsten Gewebestrukturen im Körper, vor allem auch für die Knochenentwicklung. Auf Sand- und Moorböden ist besonders mit Kupfermangel zu rechnen. Störungen in der Gliedmaßenentwicklung werden als Folge eines Kupfermangels diskutiert. So sollen beispielsweise die unter Züchtern als Chips so gefürchteten Erscheinungen der Osteochondrose auf diesem Mangel beruhen.

Zink
Bei Zinkmangel ist mit Störungen in der Haut, Mähne und Hufbildung zu rechnen.
Selen schützt die Zellmembran vor schädlichen Oxidationsprozessen.
Selenmangel führt daher leicht zu Schäden im Bereich der Muskulatur mit Steifheiten oder sogar zu Lahmheiten. Bei Fohlen beobach-

> **TIPP!**
>
> Achten Sie bei Spurenelementen immer genau auf die Dosierung und befolgen Sie die Fütterungshinweise, die laut Futtermittelgesetz auf allen Deklarationen an den Sackanhängern oder auf den Etiketten der Futtermittel vorgeschrieben sind.
> Überdosierungen sind ausgesprochen schädlich!

tet man als Folge eine geringere Vitalität, die sich zuerst in einer Saugschwäche bemerkbar macht und Schädigungen in den Muskelfasern zeigt (Weißmuskelkrankheit). Selenüberdosierungen bewirken ebenfalls Lahmheiten oder sogar Hufrehe-Symptome.

Vitamine

Vitamine sind lebensnotwendige Wirkstoffe, die in vielen Stoffwechselvorgängen eine wichtige Rolle spielen. Ein Mangel hat vielfältige Störungen und Ausfallerscheinungen zur Folge. Aufgrund von Mangelerscheinungen kam man zu ersten wissenschaftlichen Erkenntnissen über die Funktion und Bedeutung von Vitaminen. Einige Vitamine bzw. ihre Vorstufen werden im Körper selbst gebildet. So wird Vitamin C beim Pferd, wie bei den meisten Säugetieren, in der Leber gebildet. Anders als beim Menschen muss Vitamin C beim Pferd nicht von außen zugeführt werden.

Vitamin D wird aus einer Vitaminvorstufe in der Haut mit Hilfe des ultravioletten Lichts der Sonne gebildet und in der Leber und den Nieren zu der aktiven Stoffwechselform umgewandelt. Ein Mangel kann besonders im Winter und bei überwiegender Stallhaltung auftreten. Die meisten Vitamine der wasserlöslichen B-Gruppe sowie das wasserlösliche Vitamin K werden mit Hilfe der Mikroorganismen im Dickdarm und im Blinddarm gebildet. Voraussetzung ist eine gute Versorgung mit strukturiertem Futter, das reich an Ballaststoffen ist, d.h. vor allem rohfaserreiches Heu und Stroh.

Hohe Kraftfuttermengen begünstigen bei gleichzeitigem Mangel an Raufutter dagegen B-Vitamin-Mangelerscheinungen. Vitamin A wird aus der Vorstufe ß-Carotin gebildet, das in allen grünen Pflanzen reichlich vorhanden ist. Mit Mangel ist vor allem in den Wintermonaten zu rechnen, da ß-Carotin im Heu schnell abgebaut wird. In Grassilage bleibt mehr ß-Carotin enthalten. Allerdings werden Grassilagen heute meist zunächst angewelkt (in der Sonne vorgetrocknet), sodass hier bereits ß-Carotin abgebaut wird.

Auch die Versorgung mit Vitamin E ist über Grünfutter im Sommer leicht zu sichern. Viele ölhaltigen Pflanzen haben hohe Vitamin-E-Gehalte. Auch Getreide enthält noch geringe Mengen an Vitamin E. Besonders hohe Gehalte an natürlichem Vitamin E enthalten Weizenkeimöl und Leinöl. Bedenken Sie jedoch, dass die Öle mit den hohen Gehalten an ungesättigten Fettsäuren auch zu einem erhöhten Bedarf an Vitamin E führen, da sie besonders oxidationsempfindlich sind. Öle benötigen besonders hohe Vitamin-E-Gehalte zur Stabilisierung.

Wirkungsweise der Vitamine

Vitamine wirken bereits in geringen Mengen. Unter normalen physiologischen Bedingungen ist im Sommer bei Weidegang nicht mit Vitamin-Mangelerscheinungen zu rechnen. Sportpferde und alle anderen Pferde in Stallhaltung ohne regelmäßigen Weidegang sind auf die Zufuhr wichtiger Vitamine über das Futter angewiesen. Zu beachten ist, dass auch ein Überschuss, vor allem an im Körper gespeicherten fettlöslichen Vitaminen, schädlich sein kann.

Vitamin A wirkt auf die Haut und spielt eine Rolle bei der Sehfähigkeit. Auch die Abwehr-

Die Ernährung des Pferdes

funktion der Schleimhäute wird durch Vitamin A gefördert. Eine Überdosierung soll die Knochenbrüchigkeit erhöhen. Auch ß-Carotin, die Vorstufe des Vitamin A, scheint eine eigenständige Vitaminwirkung auf die Fruchtbarkeit zu haben. ß-Carotin dringt offensichtlich schneller in die Eierstöcke von weiblichen Tieren ein als Vitamin A. Deshalb haben frisches Weidegras und ß-Carotinhaltige Futtermittel positive Wirkungen auf die Rossesymptome bei Stuten. Von anderen Tierarten ist bekannt, dass eine Überdosierung von Vitamin A zu Schädigungen der Embryonen führen kann. Vitamin D fördert die Aufnahme von Calcium in den Knochen. Eine typische Mangelerscheinung war die früher bei ungünstigen Stallbedingungen mit wenig Licht häufig – vor allem bei den Jungtieren – auftretende Knochenerweichung (Rachitis). Unter heutigen Haltungs- und Fütterungsbedingungen tritt diese Erkrankung glücklicherweise nicht mehr auf.

Gegenüber Überdosierungen sind Pferde wesentlich empfindlicher als andere Tierarten. Von Vergiftungen wird häufig berichtet. Bereits 200.000 IE (Internationale Einheiten) von Vitamin D pro Tag können zum Tod führen. Beim Rind wird die zehnfache Menge gut vertragen. Schon aus diesem Grunde sollten bei Pferden keine Vitaminpräparate, die für andere Tierarten konzipiert sind, eingesetzt werden. Bezüglich der B-Vitamine ist das Pferd bei geregelter Dickdarmflora weitgehend von einer Zufuhr von außen unabhängig. Lediglich bei Raufuttermangel und hohen Kraftfuttermengen ist mit ungünstigen Bedingungen für die Darmflora zu rechnen, die zu einer Unterversorgung mit B-Vitaminen führt. Beachten Sie bei der Tabelle auf Seite 34 für Ihre Rationsberechnung, dass Vitamin A, D und E in Internationalen Einheiten beziehungsweise Milligramm je Kilogramm Körpergewicht angegeben werden.

Bei den wasserlöslichen B-Vitaminen B1, B2 und Biotin wird – wie allgemein üblich – die Menge in Milligramm je Kilogramm Futter-Trockensubstanz angegeben.

Sie sehen, dass Sie sich im Sommer bei Weidehaltung wenig Gedanken über die Vitaminversorgung Ihres Pferdes machen müssen.

Im Winterhalbjahr kann es jedoch leicht zu Vitaminmangelerscheinungen bei ß-Carotin, Vitamin D und E kommen.

Diesen Defiziten können Sie leicht vorbeugen, in dem Sie Ihrem Pferd kurweise über einige Wochen Vitaminpräparate, die im Handel erhältlich sind, gezielt zufüttern.

Ebenso ist es empfehlenswert, Grünmehlprodukte oder Möhren, die reich an ß-Carotin sind, während der Wintermonate zusätzlich zu füttern.

Hohe Vitamin-E-Gehalte haben Leinöl und Weizenkeimöl. Mit einem Schuss Öl kann die Kraftfutterration leicht aufgewertet werden.

Besonders hohe Anforderungen an die Vitaminversorgung stellen Zuchtstuten und Fohlen. Der Bedarf an fettlöslichem Vitamin A ist für Stute und Fohlen doppelt so hoch wie für ein Reitpferd. Der Vitamin-D-Bedarf ist um 50 % höher als für das Reitpferd. Bei späteren Abfohlterminen, etwa ab Mitte April, ist allerdings bei Fohlen kaum noch mit Vitaminmangelerscheinungen zu rechnen, wenn die Witterung einen ganztägigen Aufenthalt auf der Weide zulässt.

Funktion der Vitamine

Name	Funktion	Bildung/Vorkommen	Symptome bei Mangel
Vitamin A	Schutz der Haut und Schleimhäute, positive Wirkung auf Sehfähigkeit und Fruchtbarkeit	Vorstufe ß-Carotin, reichlich in Grünpflanzen	Anfälligkeit für Infektionen, Fruchtbarkeitsstörungen
Vitamin D	Förderung der Calciumaufnahme im Verdauungstrakt, Förderung der Calciumeinlagerung in den Knochen	in der Haut durch Sonneneinstrahlung, sonnengetrocknetes Heu	Störungen des Calciumstoffwechsels
Vitamin E	Schutz der Zellen vor Peroxiden (vor allem in der Muskulatur)	reichlich in grünen Pflanzen, Grünmehlen	Muskelschäden, erhöhter Sauerstoffverbrauch
Vitamin K	Blutgerinnungsfaktor	Bildung durch Mikroorganismen im Dickdarm und Gehalte im Grünfutter	Blutgerinnungsstörungen

Die wasserlöslichen Vitamine

Name	Funktion	Bildung/Vorkommen	Symptome bei Mangel
Vitamin B1	zentrale Funktion im Kohlenhydratstoffwechsel	Bildung im Darm, Aufnahme von Hefe und Weizenkleie	Schreckhaftigkeit, Nervosität, vermehrt Milchsäure im Blut
Vitamin B2	Bestandteil von Enzymen	Synthese durch Mikroorganismen, Bierhefe, Luzernegrünmehl	Sehstörungen (beim Pferd nur experimentell nachgewiesen)
Vitamin B12	Enzymwirkung	reichliche Bildung durch Mikroben im Dickdarm	beim Pferd nicht beobachtet
Biotin	für Haut, Hufe, Haare	Bildung durch Mikroben im Dickdarm	Haut- und Hufschäden
Folsäure	Stoffwechsel der Kohlenstoffgruppen	Synthese durch Mikroben	Leistungsschwäche

Die Ernährung des Pferdes

Empfehlung zur täglichen Vitaminversorgung

	Vitamin A IE/kg KG	Vitamin D IE/kg KG	Vitamin E mg/kg KG	Vitamin B1 mg/kg Futter-T	Vitamin B2 mg/kg Futter-T	Biotin mg/kg Futter-T
Fohlen	150–200	15–20	1	3	2,5	0,1
Zuchtstute	100–150	15	1	3	2,5	0,2
Reitpferd	75	5–10	1–2*	3	2,5	0,05

* Hochleistungspferde bis 4 mg pro kg Körpergewicht (GfE 1994)

Die Aufnahme von frischen Pferdeäpfeln ermöglicht dem Fohlen die direkte Zufuhr von B-Vitaminen sowie auch die Entwicklung einer gesunden Darmflora. Diese ist eine Voraussetzung für gute Eigensynthese von B-Vitaminen. Bei erwachsenen Pferden ist die Aufnahme von genügend strukturreichem Raufutter die Grundlage eines für die Bakterien passenden Milieus im Dickdarm, das die Synthese von B-Vitaminen durch die Darmflora überhaupt erst zulässt. Reich an B-Vitaminen ist besonders die Bierhefe, die bei Hochleistungspferden zur Stabilisierung der Darmflora eingesetzt werden kann.

Salzleckstein oder Minerralleckstein?

Während wir in der menschlichen Ernährung eher eine Überversorgung mit Salz feststellen, finden wir bei den üblichen Pferdefuttermitteln fast immer eine Unterversorgung mit Kochsalz (Natriumchlorid). Grundsätzlich haben alle Pferde einen beträchtlichen Salzbedarf. Besonders hoch ist dieser bei Pferden, die stark schwitzen. Aufgrund schwerer Belastung bei hohen Umgebungstemperaturen kommt es zu einem erheblichen Wasser- und Natriumchloridverlust. Wird dieser nicht schnell genug ausgeglichen, kommt es vor allem bei Sportpferden zu erheblichen

Über Lecksteine kann den Pferden Salz frei verfügbar bereitgestellt werden.

Welche Nährstoffe braucht das Pferd?

Leistungseinbußen. Auch Kalium und Magnesium werden, allerdings im geringen Umfang, mit dem Schweiß ausgeschieden und müssen ausgeglichen werden.

Normal arbeitende Pferde werden den Natriumchloridbedarf durch einen Salzleckstein abdecken können. Stark belastete Pferde können die benötigten höheren Salzmengen allerdings kaum von einem Salzleckstein ablecken, zumal sie oft gerade wegen des Elektrolyt- und Wasserverlustes sehr apathisch sind. Hier sollten Sie dann die Elektrolyte, in Form von Natrium-, Kalium- und Magnesiumchlorid über das Trinkwasser verabreichen. Entsprechende Präparate sind im Handel erhältlich.

Einen höheren Salzbedarf haben auch hochtragende Stuten, während Saugfohlen den Salzleckstein nicht erreichen dürfen.

Der Bedarf an den Mineralien Calcium, Phosphor und Magnesium kann generell durch übliche Salz- oder sogenannte Mineralecksteine nicht gedeckt werden. Lediglich der Spurenelementgehalt ist in den handelsüblichen Mineralecksteinen erhöht.

Die Empfehlung für die Praxis lautet daher: Ergänzen Sie den Bedarf an Mengen- und Spurenelementen lieber gezielt über Mineralfutter in Form von Briketts oder Pellets. Sie können die Pferde dann individuell bedarfsgerecht versorgen. Lediglich bei Weidepferden, die Tag und Nacht ohne gezielte Zufütterungsmöglichkeit oder in großen Laufställen gehalten werden, sind Leckschalen, die eine Mischung aus Mineralien und Spurenelementen enthalten, sinnvoll.

Sehr bewährt haben sich für Weidepferde auch mineralische Ergänzungsfutter in Scha-

Um Weidepferde mit Mineralien und Spurenelementen zu versorgen, empfiehlt sich das Bereitstellen von Leckschalen.

len oder Kübeln, die neben Mineralien und Spurenelementen auch Melasse und Pflanzenöl enthalten, sodass sie neben der Mineralstoffabdeckung auch einen energetischen Ausgleich zum eiweißreichen Weidefutter liefern.

Das Eiweiß-Energie-Verhältnis kann so verbessert werden. Allerdings gibt es auch hierbei natürlich keine Möglichkeit der individuellen Dosierung, wobei bei dieser Form des mineralischen Ergänzungsfutters, die Gefahr der Überversorgung geringer ist.

Die Idealform der mineralischen Ergänzung ist immer noch das gezielt und individuell dosierte Mineralfutter. Aus diesem Grund werden in großen Gestüten auch die Jungpferde ein- bis zweimal täglich aufgestallt und angebunden, um eine kontrollierte Einzelfütterung sicherzustellen.

Kapitel 3

Einzelfuttermittel	38
Raufutter	39
Pferdegerechtes Heu	39
Silagen	39
Stroh	40
Trockenprodukte als Alternative	41
Saftfutter	41
Kraftfutter	41
Hafer, das bekannteste Kraftfutter für Pferde	41
Mais	42
Gerste	43
Luzerne	45
Luzerne, eine der bedeutendsten Futterpflanzen der Welt	45
Pflanzenbauliche Hinweise	46
Ernte, Konservierung, Lagerung	46
Rationsgestaltung	47
Weitere Futtermittel	47
Hirse	47
Weizen	47
Weizenkleie	47
Dinkel	48
Roggen	48
Bierhefe	48
Triticale	48
Sojabohne	49
Lein, Flachs	49
Tapioka	49
Grasgrünmehl	49
Mischfutter	52
Müsli oder Pellets?	52
Welche Informationen können Sie einer Deklaration entnehmen?	54
Inhaltsstoffe	55
Die Futterbewertung	58
Einfluss der Zubereitungsform	58
Einfluss der Gesamtration	58
Energiebedarf ermitteln	59
Futterrationen gestalten	60
Wie gehe ich bei der Rationsberechnung vor?	61

Futtermittel und Fütterungspraxis

Checkliste Rationsberechnung	**65**
Spezielle Fütterungssituationen und Beispielrationen	**66**
Fütterung des Rennpferdes	66
Fütterung des Springpferdes	67
Fütterung des Dressurpferdes	68
Fütterung des Vielseitigkeitspferdes	69
Fütterung des Distanzpferdes	71
Fütterung zur Vorbereitung auf Schauen und Körungen	76
Fütterung des Kaltblutpferdes	76
Fütterung des Islandpferdes	77
Fütterung des Reitponys	78
Fütterung des Haflingers	79
Fütterung von Stuten, Fohlen und Aufzuchtpferden	**82**
Die Fütterung der güsten Stute	82
Die Stute in der Hochträchtigkeit	83
Die Fütterung der säugenden Stute	84
Fohlenaufzucht und Fohlenfütterung	91
Die Beifütterung des Fohlens	92
Mutterlose Aufzucht	92
Das Absatzfohlen	93
Der Jährling	94
Die Fütterung der Zweijährigen	98
Spezielle Fälle und alltägliche Probleme	**100**
Hilfe! Mein Pferd ist zu dick!	100
Das untergewichtige Pferd	101
Das mäklige Pferd	101
Grundsätze der Fütterung alter Pferde mit Zahn-, Verdauungs- oder Stoffwechselstörungen	**102**
Futtermittelauswahl	103
Futterhygiene	104
Aufbereitung des Futters	104
Mineralstoffbedarf	105
Vitaminbedarf	105
Flüssigkeitsbedarf	105
Fütterung auf der Weide	**106**
Der Übergang von der Winter- zur Weidefütterung	107
Übergangsfütterung von der Weide zur Stallfütterung	109
Die Anforderungen der Pferde auf der Weide an Nährstoffe	110

Futtermittel und Fütterungspraxis

Einzelfuttermittel

Für Pferde kommen Futtermittel aus folgenden drei Gruppen in Betracht: Grobfutter (Raufutter), Saftfutter und Kraftfutter.

Für das Pferd sind die zum Grobfutter gehörenden Produkte des Grünlandes sowohl in frischer Form als Weidegras oder als Futterkonserven in Form von Heu und Grassilagen die wichtigsten Rationskomponenten. Sie sind die natürlichsten und gesündesten Nahrungsquellen für das Pferd, wenn sie von gut gepflegten Wiesen oder Mähweiden mit einwandfreier Erntetechnik gewonnen und nach optimaler Lagerung als Futtermittel verwendet werden. Maissilagen und andere Ganzpflanzenprodukte in frischer, silierter oder getrockneter Form sowie Cobs, in denen die gesamte Faserstruktur enthalten ist, aber auch Stroh aus verschiedenen Getreidearten wird zu den für Pferde wichtigen Grobfuttermitteln gerechnet.

Charakteristisch für alle Rau- oder Grobfutterarten ist ein hoher Anteil an pflanzlichen Gerüstsubstanzen, deren durch verholzte Zellwände verstärkte Faserstrukturen als kaufähiges Material, die Voraussetzung für eine ungestörte Verdauung liefern. Man kann sie als die Ballaststoff-Lieferanten in der Pferdefütterung betrachten. Ein Pferd kann ohne Kraftfutter auskommen, nicht aber über längere Zeit ohne strukturiertes Raufutter.

Futtermittel aus drei Hauptgruppen kommen zum Einsatz: Raufutter wie Heu und Stroh, Saftfutter, dazu gehören Knollen, Wurzeln und Pflanzenteile oder Äpfel sowie Kraftfutter, wie der altbewährte und bekannte Hafer.

Raufutter

Pferdegerechtes Heu

Gutes Heu stammt von einem gut gepflegten und gedüngten Pflanzenbestand aus wertvollen Gräsern mit Anteilen von Leguminosen, kleeartigen Pflanzen, und Kräutern. Die Heubergung erfolgt idealerweise während einer stabilen Hochdruckwetterlage zur Mitte der Blüte der Hauptbestandsbildner.

Viele Jahre wurde für Pferdeheu ein möglichst später Schnitt empfohlen. Das spät geschnittene Heu galt aufgrund seines niedrigen Eiweißgehaltes als besonders pferdegerecht. Diese alten Vorstellungen müssen kritisch hinterfragt werden.

So ist die Verpilzung eine Gefahr bei sehr spätem Schnitt. Die Befallsraten mit Pilzen sind bei überständigem Material ungeheuer groß. Hinzu kommt ein Energie- und Nährstoffverlust, der die Qualität deutlich mindert.

Die Wiese sollte in der Mitte bis spätestens Ende der Blüte geschnitten werden. Danach sollte das Heu sofort trocken gelagert werden. Die trockene Lagerung verhindert eine zu starke Aktivität von schädlichen Mikroorganismen, die zu Nährstoffverlusten und Schimmelbildung führt. Gutes Heu erkennt man an einer blaugrünen Färbung, an einem aromatischen Geruch sowie an einer guten Struktur. Frisches Heu sollte erst nach drei- bis vierwöchiger Lagerung, in der noch fermentative Prozesse ablaufen, gefüttert werden.

Als Ziel- beziehungsweise Orientierungswerte für pferdegerechtes Heu gelten Gehalte von 30–33 % Rohfaser in der Trockensubstanz. An das Heu für Zuchtstuten mit Fohlen bei Fuß sowie für Absatzfohlen sind besonders hohe Qualitätsanforderungen zu stellen. Hier sollten Sie etwas geringere Rohfasergehalte und höhere Energiegehalte anstreben.

Heubergung: Geeignetes und gepflegtes Grünland sowie der Einsatz einwandfreier Erntetechnik sind Voraussetzungen, um Heu für die Pferdefütterung zu bergen.

Silagen

Silage ist ein Grünfutter, das durch Milchsäurebildung unter Luftabschluss konserviert wird. In den letzten 20 Jahren hat die Gärfutter- oder Silagegewinnung in der Pferdefütterung stark an Bedeutung gewonnen. Vorteile liegen in einer besseren Nährstoffkonservierung und einer stärkeren Unabhängigkeit von Witterungsbedingungen, da Silagen schon nach kurzer Anwelkzeit von ein bis zwei Tagen in Folien gewickelt oder in Fahrsilos eingebracht werden können.

3 Futtermittel und Fütterungspraxis

Wichtig ist eine gute Verdichtung des Erntematerials und ein sicherer Luftabschluss durch mehrfach gewickelte Folien, die ein schnelles Absinken des pH-Wertes auf 4 und damit verbunden gute Milchsäuregärung ermöglicht. Fehlgärungen werden auf diese Weise weitestgehend vermieden.

Gute Grassilagen für Pferde weisen Rohfasergehalte von 27–30 % in der Trockensubstanz auf, wobei der Trockenmassegehalt möglichst 50 % nicht überschreiten sollte. So genannte Heulagen mit Trockensubstanzgehalten von mehr als 70 % werden zwar in einigen Regionen planmäßig angestrebt, die Gefahr von Schimmelbildung ist hierbei jedoch sehr groß, da es häufig nicht zu einer wirklichen Milchsäuregärung kommt. Nasssilage mit einem Feuchtigkeitsgehalt von 80 % ist als Pferdefutter nicht geeignet.

Das A und O einer guten Silage liegt darin, sofort in der Ernte den pH-Wert des Schnittguts auf etwa pH-4 abzusenken. Dann sind die Milchsäureorganismen im Vorteil und die übrigen schädlichen Mikroorganismen sterben ab. Das heißt für die Praxis: Nach dem Wickeln der Silageballen wird der Restsauerstoff veratmet. Danach sterben die noch lebenden Pflanzenzellen aufgrund des Sauerstoffmangels ab ebenso wie die schädlichen Mikroorganismen, die Sauerstoff benötigen. Übrig bleiben die Mikroorganismen, die ohne Sauerstoff überleben können. Bei einem idealen Gärverlauf kommt es zu einer verstärkten Milchsäurebildung, wie wir es zum Beispiel auch beim Sauerkraut kennen, und damit zum Abfall des pH-Wertes in den sauren Bereich. Im Idealfall erhält man so eine Silage, die sehr gut konserviert ist und sich durch eine gute Bekömmlichkeit auszeichnet.

Stroh

Auch gesundes Stroh ist für Pferde eine wichtige Raufutterkomponente. Allerdings ist durch stark verholzte Zellwände die Verdaulichkeit deutlich geringer. Haferstroh wird besonders gern gefressen, hat allerdings den Nachteil, eher keimbelastet zu sein. Weizenstroh wird sehr häufig verwendet.

Ob Halmverkürzungsmittel wirklich die Gefahr von Koliken erhöhen, ist wissenschaftlich nicht belegt, wird in der Praxis jedoch häufig diskutiert. Gerstenstroh wurde früher wegen seiner Grannen als Kolikverursacher angesehen.

Durch die modernen Mähdrescher werden die Grannen jedoch sauber entfernt, sodass Gerstenstroh problemlos verwendet werden kann. Auch Triticale- und Roggenstroh können für Pferde als Futter und Einstreu verwendet werden.

Gut gewickelt: Silageballen

Trockenprodukte als Alternative

Trockengrasprodukte, die in verschiedenen Formen im Handel angeboten werden, sind eine Alternative zur Fütterung von Heu und Stroh. Der Vorteil dieser Produkte liegt darin, dass die Staubentwicklung sowie der Besatz mit Schimmelpilzsporen sehr gering ist. Nach einer langsamen Umstellung werden die Produkte von den Pferden in der Regel gut angenommen. Bei der Produktwahl sollten Sie darauf achten, dass die Briketts nicht zu klein sind und eine grobe Faserstruktur aufweisen. Pellets, die aus einer relativ kleinen strukturlosen gepressten Masse bestehen, sind weniger geeignet, da sie zu Verdauungsproblemen führen können. Der Tagesbedarf von Trockengrasprodukten sollte in die Gesamtration des einzelnen Pferdes integriert und genau berechnet werden.

Luzernecobs sind eine Alternative zu Heu und Stroh.

Saftfutter

Als Saftfutter werden Knollen und Wurzeln sowie Teile von Pflanzen beziehungsweise deren Verarbeitungsprodukte mit Trockensubstanzgehalten von weniger als 55 % bezeichnet. Sie haben für das Pferd keine Strukturwirkung. Typische Saftfutter sind Rüben, Möhren und Rote Bete. Aufgrund des hohen Wassergehaltes verderben diese Produkte leicht. Sie dürfen nur in einwandfreiem, sauberem Zustand ohne Sand- und Erdreste sowie ohne Schimmel- und Faulstellen verfüttert werden.

Die aus Saftfutter gewonnenen Trocknungsprodukte, wie Zuckerschnitzel oder bei der Saftherstellung gewonnenen Obsttrester, können durch Zugabe von Wasser nach ausreichender Einweichzeit wieder in ein Saftfutter verwandelt werden. Sie sind in der Winterfütterung wertvolle diätetische Komponenten, die das Verstopfungsrisiko verringern.

Kraftfutter

Hafer, das bekannteste Kraftfutter für Pferde

Um kein anderes Futtermittel ranken sich so viele Vorurteile und Legenden. Kaum ein anderes wird so kontrovers in der Pferdefütterung diskutiert. Ungeahnte Wunderwirkungen sollten von ihm ausgehen. Ein Alkaloid namens Avenin sei Ursache dieser Wunder-

Futtermittel und Fütterungspraxis

wirkung. Bereits Graf von Wrangel berichtet in seinem Buch vom Pferde über diese Inhaltsstoffe, die Pferde besonders anregen sollen. Doch leider konnte bisher kein Wissenschaftler diese angebliche Wunderdroge finden. Nichtsdestotrotz haben Generationen von Autoren dieses Avenin erwähnt. Einer hat den Fehler wohl vom anderen abgeschrieben.

Zu Zeiten der berittenen Truppen galt Hafer als unverzichtbar. Die Landwirte sahen das etwas anders, da der Haferanbau für die Pferdehaltung viel Fläche blockierte, auf denen anderes Viehfutter oder direkt für den menschlichen Verzehr geeignete Früchte hätten angebaut werden können. So hat man in der Landwirtschaft sehr früh nach Alternativen gesucht. Und auch für das Militär suchte man bereits zu Napoleons Zeiten nach Getreidemischungen, die haltbar und gut zu transportieren waren. Dies war der Anfang des industriell hergestellten Mischfutters.

Doch trotz der Möglichkeit, Hafer durch andere Futtermittel ersetzen zu können, haben beispielsweise die Trab- und Galopp-Rennställe in Deutschland bis heute an der Haferfütterung festgehalten. Gibt es vielleicht doch eine Sonderwirkung des Hafers? Am ehesten dürfte diese mit der guten Verdaulichkeit der Haferstärke begründet werden. Neuere Verdaulichkeitsuntersuchungen bestätigen prinzipiell die gute Eignung des Hafers für das Verdauungssystem des Pferdes, das nur in sehr begrenztem Umfang Stärke abbauen kann. Haferstärke ist aus einfachen Stärkemolekülketten aufgebaut, die die Stärke abbauenden Verdauungsenzyme (Amylasen) sehr gut zerlegen können.

Dies trifft für Stärke der anderen Getreidesorten nicht zu. Hafer ist, anders als viele Pferdehalter und selbst manche Tierärzte behaupten, nicht eiweißreich. Woher diese Legende stammt, ist schwer festzustellen. Hafer enthält ca. 10–11 % Eiweiß. Es ist allerdings im Hinblick auf seine Aminosäure-Zusammensetzung von etwas besserer Qualität als das Eiweiß anderer Getreidearten.

Leider ist Hafer sehr häufig von schädlichen Organismen, wie Bakterien, Hefen und Milben befallen. Der hohe Spelzanteil fördert das Kauen und Einspeicheln, bietet jedoch auch den schädlichen Mikroorganismen Platz. Hafer muss sehr gut gereinigt werden. Das Quetschen von Hafer ist für ausgewachsene Pferde mit intaktem Gebiss völlig überflüssig. Nur für Fohlen, Jungpferde und alte Pferde ist das Quetschen von Hafer sinnvoll.

Es gibt mittlerweile sehr viele Hafersorten, die sich von den Hauptsorten Gelbhafer, Weißhafer, Schwarzhafer und dem spelzenlosen Nackthafer ableiten lassen. Ernährungsphysiologisch gesehen sind die Unterschiede recht gering.

Mais

Mais gehört nicht zum ursprünglichen Nahrungsspektrum unserer Pferde. Mais stammt aus Südamerika und ist daher in der europäischen Fütterung nicht bekannt gewesen. Erst die spanischen Eroberer lernten ihn kennen. Seit dem 2. Weltkrieg wird er auch bei uns verstärkt in der Pferdefütterung eingesetzt. Mais ist ein einjähriges nicht bestockendes Gras, dessen Halm bis zu 2,5 m hoch wird. Charakteristisch sind die körnertragenden Kolben, die von Lieschblättern umhüllt sind.

Saftfutter • Kraftfutter

Vielfältiger Mais: Maiskolben mit Lischblättern und freigelegtem Kolben (links). Durch Wärmebehandlung entstehen Maisflocken, deren Stärke wesentlich besser verdaulich ist (Mitte). Maissilage (rechts) ist energiereich.

Die Körner sind mit einem Anteil von 60 % sehr stärkereich. Ernährungsphysiologisch von Bedeutung ist, dass die Maisstärke im Dünndarm des Pferdes schlecht verwertet wird. Nur etwa 30 % der Stärke werden hier verdaut.

Mais ist außerdem arm an den lebenswichtigen Aminosäuren Lysin und Tryptophan und daher biologisch nicht vollwertig. Tryptophan wird zum Aufbau des Vitamins Nicotinamid (Niacin) im Organismus benötigt. Neuerdings wird durch die Zucht neuer Sorten versucht, die Lysin und Tryptophangehalte zu verbessern.

Die Maispflanzen werden in der Regel siliert als Futter verwendet. Die Stärke der Maiskörner kann durch Erhitzen deutlich in ihrer Verdaulichkeit verbessert werden. Aus den fettreichen Maiskeimen wird das sehr hochwertige und vitaminreiche Maiskeimöl gewonnen.

Gerste

Gerste ist die älteste Getreideart, die planmäßig in Kultur genommen wurde. Sie stammt aus dem vorderasiatischen Raum und wurde von den Sumerern bereits vor 7000 Jahren angebaut. Heute findet man zahlreiche Sorten in den gemäßigten Zonen der ganzen Welt. Man unterscheidet grundsätzlich zwei Typen; die zweizeiligen mit größeren Körnern und die mehrzeiligen mit sechs Zeilen meist kleinerer Körner. Charakteristisch sind oft sehr lange Grannen, es gibt jedoch auch Gerstensorten ohne Grannen. Man unterscheidet Sommer- und Wintergerste. Sommergersten gedeihen auch in den kühleren nördlichen Regionen und stellen nicht so hohe Bodenansprüche. Die stärkereichen Braugersten sind zweizeilige Sommergerstenarten.

Die Futtergerstenarten sind deutlich eiweißreicher. Dementsprechend enthalten Brau-

Futtermittel und Fütterungspraxis

Typisch Gerste: Die langen Grannen der Gerste sind ein typisches Erkennungsmerkmal der Pflanze. Die Stärkeverdaulichkeit der Körner (kl. Bild) lässt sich durch Erhitzen deutlich verbessern.

gersten oft nicht mehr als 9 % Eiweiß, die Futtergersten dagegen Eiweißgehalte von oft deutlich über 12 %. Insofern sind die in Futterwerttabellen meist üblichen Durchschnittswerte für die praktische Rationsberechnung völlig nutzlos. Der Stärkegehalt liegt bei der Futtergerste um 50 %, bei Braugerste möglichst nicht unter 65 %.

Gerste gilt als das klassische Kraftfutter des Orients und war bereits in biblischen Zeiten bekannt. Auch die alten Griechen kannten die Gerste als Pferdefutter. Sie kannten aber auch bereits die mit der Gerstenfütterung auftretenden gesundheitlichen Probleme, wie zum Beispiel Hufrehe. Das altgriechische Wort für Hufrehe bedeutet Gerstenkrankheit! Die Hauptproblematik besteht in der geringen Verdaulichkeit der Gerstenstärke im Dünndarm. Nicht abgebaute Stärke führt in den hinteren Teilen des Verdauungstraktes zu Verdauungsstörungen. Auf diese Störungen im Verdauungstrakt wird im Kapitel Fütterungsbedingte Krankheiten näher eingegangen.

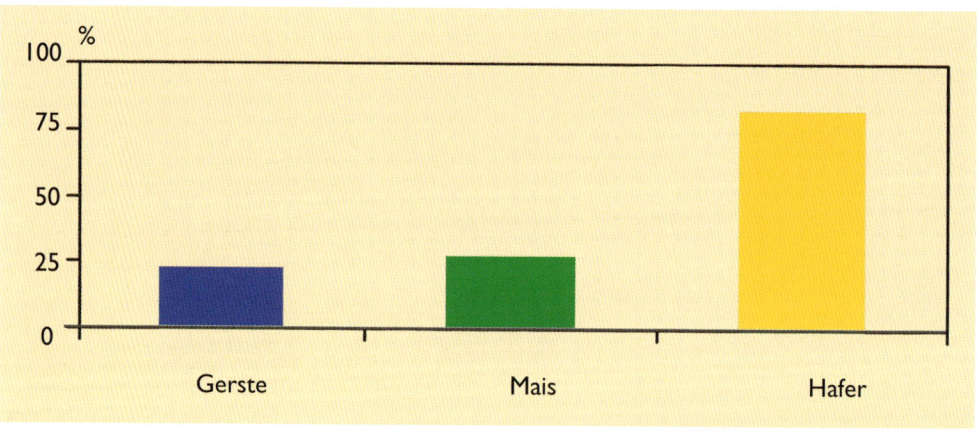

Verdaulichkeit der Stärke unbehandelter Körner (nach RADICKE und TIEGS).

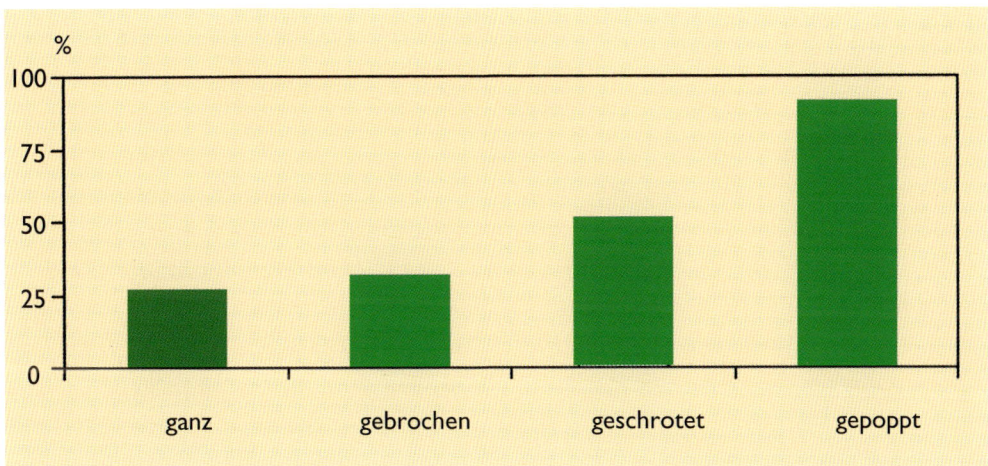

Einfluss der Bearbeitung auf die Verdaulichkeit im Dünndarm am Beispiel Mais (nach RADICKE und TIEGS).

Durch Mahlen und Erhitzen kann die Verdaulichkeit der Stärke deutlich verbessert werden.

Ein Nebenprodukt bei der Bierherstellung sind die Malzkeime. Aufgrund ihres Gehaltes an dem Alkaloid Hordenin sind sie für die Sportpferdefütterung wegen der damit verbundenen Dopinggefahr nicht geeignet. Alkaloide sind organische meist basische und stickstoffhaltige Verbindungen, die in Pflanzen auftreten. Sie haben auf den tierischen oder auch menschlichen Organismus meist ganz charakteristische Wirkungen. Die meisten sind sehr giftig.

Luzerne

Luzerne, eine der bedeutendsten Pferdefutterpflanzen der Welt

Die Geschichte der Pferdefütterung ist eng mit dem Luzerneanbau verbunden. Alle Reitervölker des Altertums kannten diese Pflanze und nutzten sie für die Fütterung ihrer Streitrösser und Kampfwagenpferde. Das altpersische Wort für Luzerne heißt Aspest und bedeutet Pferdefutter.

Im 5. Jahrhundert vor Christus gelangte die Luzerne aus Medien (daher rührt ihr wissenschaftlicher Name Medicago sativa) nach Griechenland. Bereits Virgil erwähnte die Luzerne als vorzügliches Pferdefutter. Nach Italien gelangte die Pflanze als medisches Gras, von dort über Spanien im 16. Jahrhundert nach Frankreich, wo der Luzerneanbau noch heute weit verbreitet ist.

Historisch lässt sich eine enge Verbindung zwischen Luzerneanbau und der Zucht schwerer Pferde bereits in vorchristlicher Zeit nachweisen. Die Luzerne stammt aus den vorderasiatischen Steppenländern, der Heimat vieler Pferderassen. Entsprechend ihrer Herkunft verlangt sie ein warmes Klima und kalkreiche Böden. Es handelt sich um eine Leguminose, deren Sprossachse etwa 80 cm hoch wird.

3 Futtermittel und Fütterungspraxis

Charakteristisch sind die kurz gestielten dreizähligen Blätter und die blau-violetten Schmetterlingsblüten. Luzerne bindet, wie andere Leguminosen, mit Hilfe von Knöllchenbakterien im Wurzelbereich den Luftstickstoff und hat daher eine hohe Kapazität zur Eiweißbildung. Die Eiweißproduktion je Fläche ist deutlich höher als bei anderen Pflanzen. Aufgrund ihrer hohen Produktivität ist die Luzerne weltweit in vielen Pferdezuchtländern verbreitet, selbst in Amerika und Australien.

Neben dem hohen Eiweißanteil ist der hohe Gehalt an Mineralstoffen, Spurenelementen und ß-Carotin als positiv zu vermerken.

Luzerne ist daher immer eine ideale Pflanze für tragende und säugende Stuten sowie für Jungpferde in der Aufzuchtsphase. Auch wenn die Verwendung von Luzerneheu aus arbeitswirtschaftlichen Gründen bedeutungslos geworden ist und der Anbau von Luzerne zumindest in Deutschland keine Rolle mehr spielt, stellt Luzerne in Form von Trockengrün eine wichtige Komponente in Pferdefuttermitteln da. Besonders wichtig sind die französischen Anbaugebiete in der Champagne.

Pflanzenbauliche Hinweise

Als ehemalige Steppenpflanze verträgt Luzerne keinen hohen Grundwasserstand.
Ideal sind warme, kalkhaltige und tiefgründige Böden, da die Wurzeln sehr tief in die Erde eindringen. Man findet häufig Pflanzen, die bis zu 10 m tief wurzeln.
Gegen Trockenheit ist die Pflanze daher sehr unempfindlich. Soll Luzerne neu angesät werden, muss der Boden mit Knöllchenbakterien beimpft werden. Auf ausreichende Phosphatdüngung ist zu achten. Unter günstigen Bedingungen kann die Luzerne viermal jährlich geschnitten werden. Da Luzerne relativ frostempfindlich ist, sollte der letzte Schnitt im Herbst nicht zu spät erfolgen.

Ernte, Konservierung, Lagerung

Die nach dem 2. Weltkrieg noch weit verbreitete Heugewinnung ist unrentabel, da die Blatt- und Bröckelverluste sehr hoch sind. Die Zusammensetzung und der Futterwert verändern sich im Verlaufe der Vegetation. Vor der Knospung geschnittenes Material hat einen Trockensubstanzgehalt von 15 % bei 4,0 Rohprotein und 3 % Rohfaser. In der Blüte steigt der Trockensubstanzgehalt auf 25 % und der Rohfasergehalt auf ca. 9 %. Nach der Blüte verholzt das Material schnell, und entsprechend sinkt die Verdaulichkeit. Darüber hinaus enthalten alte, verholzte Pflanzen, an denen bereits Hülsen gebildet sind, einen Bitterstoff sowie Alfalfa-Saponin. In Mittelmeerraum wurden in den Pflanzen auch Ge-

Luzerne und eine mögiche Verwendungsform als Cobs (kl. Bild).

Weitere Futtermittel

Nährstoffgehalte in grüner, frisch geernteter Luzerne und in Luzerneheu bzw. Grünmehl

	Luzerne (grün)	Luzerneheu Grünmehl
	Beginn der Blüte	
Trockensubstanz	22 %	85 %
Rohprotein	4,6 %	15,2 %
Rohfaser	6,2 %	25,8 %
Fett	0,7 %	1,7 %

(mod. nach STÄHLIN in: Handbuch der Futtermittel)

halte an Salizylsäure gefunden. Für die heute übliche Trocknung wird junges Material vor der Blüte geschnitten, sodass alle Inhaltsstoffe erhalten bleiben.

Rationsgestaltung

Aufgrund des hohen Eiweiß- und Calciumgehaltes ist Luzerne die ideale Ergänzung zu Getreiderationen. Das Calcium-Phosphat-Verhältnis wird deutlich verbessert.
Bei hochtragenden und laktierenden Stuten können in der Winterfütterung bis zu 5 kg Luzerneheu oder entsprechende Mengen von Trockenprodukten eingesetzt werden. Wesentlich einfacher und zweckmäßiger gestaltet sich der Einsatz von Luzerne in pelletierter Form oder als Grünmehl aus Häcksel für gepresste Cobs. In industriell hergestellten Ergänzungsfuttermitteln für Zuchtstuten und Fohlen wird Luzernegrünmehl gerne als hochwertige Eiweißkomponente verwendet.

Weitere Futtermittel

Hirse

Das stärkereiche Getreide Afrikas ist gut verdaulich und wird gelegentlich in Diätfutterrationen eingesetzt.
Hirse hat vor allem eine herausragende Bedeutung in der menschlichen Ernährung in den Entwicklungsländern.

Weizen

Ist eine der wichtigsten Getreidearten für die menschliche Ernährung. Für die Pferdefütterung ist Weizen gerade wegen seiner für die Backeigenschaften so wichtigen Klebereiweiße nicht so gut geeignet, weil es durch diese zu Verkleisterungen im Magen kommen kann.
In Mischungen kann Weizen in geringen Anteilen durchaus verwendet werden. Im Hinblick auf die Verdaulichkeit der Stärke ist Weizen ebenfalls kritisch zu sehen.

Weizenkleie

Eine große ernährungsphysiologische Bedeutung hat Weizenkleie, die die wertvollen Randschichten des Getreides enthält. Sie ist reich an Eiweiß, Phosphor und Ballaststoffen. Weizenkleie muss unbedingt trocken gelagert werden, da sie sonst leicht verdirbt.

Futtermittel und Fütterungspraxis

Dinkel
Dinkel ist eine Urweizenart und daher ernährungsphysiologisch ähnlich ungünstig wie der heutige Weizen. Der hohe Spelzgehalt bringt häufig den Nachteil hoher Keimbelastungen mit sich und reduziert die Verdaulichkeit der Gesamtration.

Roggen
Roggen ist eine wichtige Brotgetreideart und wurde früher in gekochtem Zustand gelegentlich zur Fütterung von Kaltblutpferden verwendet.
Einem guten Aminosäuremuster stehen Nachteile wie geringe Stärkeverdaulichkeit und die häufige Belastung mit Mutterkornpilzen gegenüber.

Bierhefe
Bierhefe ist ein hochwertiges diätetisch wirkendes Futtermittel, das nach der Bierherstellung durch Trocknen gewonnen wird. Bierhefe enthält hohe Gehalte an essenziellen Aminosäuren und große Mengen B-Vitaminen. Für Zuchtstuten und Fohlen, aber auch Pferde im Hochleistungssport, ist Bierhefe eine interessante Futterkomponente, weil sie sich günstig auf die Darmflora auswirkt.

Triticale
Triticale verbindet die Eigenschaften der für die Pferdefütterung nur gering geeigneten Getreidearten Roggen und Weizen, neigt häufig zu hohen Keimbelastungen und hat nur eine geringe Stärkeverdaulichkeit aufzuweisen.

Bierhefe ist für Zuchtstuten und Fohlen eine interessante Futterkomponente.

Weitere Futtermittel

Sojabohne

Die Sojabohne ist eine aus Ostasien stammende Nahrungspflanze, die schon seit 5000 Jahren in China kultiviert wird. Sie enthält bis zu 48 % Eiweiß, 24 % Kohlenhydrate und 19 % Öl. Mittlerweile ist sie eine Weltkulturpflanze mit herausragender Bedeutung für die Ernährung der Weltbevölkerung.

Als Nebenprodukt der Ölgewinnung fällt Sojaschrot an; ein hochwertiges Futtermittel mit hoher Eiweißqualität, d.h. mit einem hohen Anteil lebenswichtiger Aminosäuren, die der tierische Organismus nicht selbst produzieren kann. Aufgrund dieser hohen Wertigkeit des Proteins ist Sojaschrot eine wichtige Rationskomponente für Zuchtpferde und Fohlen. Soja ist für Pferde nicht besonders schmackhaft und wird daher nur begrenzt mit schmackhaften Futtermitteln verwendet.

Lein, Flachs

Ähnlich wie Baumwolle liefert Lein sowohl Fasern aus dem Stängel als auch Öl aus den Samen. Es handelt sich um eine uralte Kulturpflanze, die bereits vor über 6000 Jahren von den Sumerern und Ägyptern angebaut wurde. War in früheren Jahrhunderten die Faser das Hauptprodukt, so wird Lein heute in erster Linie zur Ölgewinnung angebaut.

Leinöl ist ein sehr hochwertiges Produkt, das hohe Gehalte an Vitamin E und Omega-3-Fettsäuren enthält. Es kann daher sehr gut in Mengen von 100–200 ml pro Tag in der Pferdefütterung eingesetzt werden.

Interessant sind die entzündungshemmenden Faktoren im Leinöl. Die faserige Pflanze wird jedoch in den letzten Jahren verstärkt als Einstreu (Leinstroh) verwendet.

Tapioka

Das aus der Stärke der südostasiatischen Maniokwurzel gewonnene Mehl wird gelegentlich in Futtermitteln verwendet. Die Verdaulichkeit der Stärke ist jedoch außerordentlich gering.

Grasgrünmehl

Frisches Grünfutter ist, wenn es in der optimalen Wachstumsphase geerntet wird, eines der wertvollsten Futtermittel, weil es neben einem günstigen Nährwert eine hohe Menge an Vitaminen und Mineralstoffen in einem ausgewogenen physiologischen Verhältnis liefern kann. Dies ist besonders dann der Fall, wenn das Futter von einem nährstoffreichen Boden mit ausgewogener Düngung stammt. Wird Gras in einem frühen Wachstumsstadium gemäht und schonend getrocknet, so erhält man ein hochwertiges Trockengrün, bei dem die wertvollen Inhaltsstoffe weitgehend erhalten bleiben.

Gemahlen und pelletiert ist Trockengrün gut lagerfähig und leicht zu transportieren. Je später Trockengrün gewonnen wird, desto geringer sind die Nährstoffgehalte. Die Eiweiß- und Energiegehalte sinken im Verlauf der Wachstumsperiode ab, während der Rohfaseranteil ansteigt.

Mineralstoffe und Spurenelemente entsprechen dem Ausgangsmaterial. Der ß-Carotin-Gehalt verringert sich. Bei der Verwendung muss beachtet werden, dass pelletiertes Grasgrünmehl relativ quellfähig ist. Es sollte daher Pferden nur als Bestandteil von Mischungen oder eingeweicht verabreicht werden.

Futtermittel und Fütterungspraxis

Krippenfutter (Kraftfutter)

Einzelfuttermittel
zum Beispiel:

- Hafer
- Gerste
- Mais
- Haferflocken

Mischfuttermittel
zum Beispiel:

Ergänzungsfuttermittel für Sportpferde
zum Haferersatz
zu Stroh
zu Heu und Hafer

Ergänzungsfuttermittel für Zuchtpferde

Ergänzungsfuttermittel für Fohlen

Mineralfuttermittel
(mind. 40 % Rohasche)

Diätfuttermittel
zum Ausgleich
von Elektrolytverlusten

gegen Stresssymptome

zur Regulation
der Dünndarmverdauung

zur Regulation
der Dickdarmverdauung

zur Unterstützung
der Nierenfunktion

zur Unterstützung
der Leberfunktion

zur Unterstützung
bei Untergewicht/Rekonvaleszenz

Milchaustauscher (Fohlenmilch)
zum Einsatz in der mutterlosen
Fohlenaufzucht

bei Milchmangel der Stute
als Stutenmilchersatz

Weitere Futtermittel

Futtermittel	Wichtige Inhaltsstoffe	Positiv	Negativ
Hafer	ca. 40 % Stärke ca. 10 % Eiweiß	Stärke gut verdaulich	häufig hygienische Probleme (Schimmelpilze, Hefen, Bakterien, Milben)
Gerste	ca. 50 % Stärke ca. 10 % Eiweiß	energiereich	geringe Verdaulichkeit der Stärke, ungünstiges Calcium-Phosphor-Verhältnis
Körnermais	ca. 60 % Stärke ca. 9 % Eiweiß	energiereich	geringe Verdaulichkeit der Stärke, ungünstiges Calcium-Phosphor-Verhältnis
Weizen	ca. 70 % Stärke ca. 10 % Eiweiß	energiereich	Klebereiweiße begünstigen Verkleisterungen
Weizenkleie	ca. 15 % Eiweiß	diätische Wirkung	phosphorreich, wenig Ca, leicht verderblich
Melasseschnitzel	ca. 50 % Zucker	schmackhaft	leicht verderblich, quellfähig
Leinsamen	ca. 40 % Fett	diätisch wirksam, durch Schleimstoffe	blausäurehaltig
Sojaschrot	ca. 44 % Eiweiß	wertvolle Eiweißkomponente	wenig schmackhaft
Bierhefe	hochwertiges Eiweiß, reich an B-Vitaminen	positive diätische Wirkung auf Dickdarm	leicht verderblich
Pflanzenöl	ca. 99 % Fett	höchste Energiekonzentration	hohe Mengen können Dickdarmfunktion hemmen
Luzernegrünmehl	ca. 17–20 % Eiweiß, reich an Mineralien	leicht lagerfähig, gut zu transportieren, Eiweiß mit hoher biologischer Wertigkeit, reich an ß-Carotin	in Rationen für alte Pferde nur begrenzt einzusetzen
Luzernehäcksel	ca. 17–20 % Eiweiß, reich an Mineralien	ideale Strukturkomponente, calciumreich	bei spät geerntetem Material sinkt Verdaulichkeit

Futtermittel und Fütterungspraxis

Mischfutter

Seit ca. 200 Jahren wird versucht, aus einzelnen Futtermitteln für das Pferd passende Kombinationen zu erstellen. Die ersten Versuche wurden in den Napoleonischen Kriegen gemacht, als man für Kavalleriepferde sogenannte Futterbrote oder Pferdebiskuits herstellte. Diese bestanden meist aus Getreideschrot und Leguminosen, die durch Backen in eine haltbare und hochverdauliche Form gebracht wurden. Der Reitersoldat konnte diese Futterkonserven leicht als Vorrat am Sattel mitführen.

Die Versorgung von großen Pferdebeständen wurde wesentlich erleichtert. Auch für die aufkommende Industrialisierung war die Versorgung von großen Pferdebeständen mit großem Aufwand verbunden. Vor dem Ersten Weltkrieg gab es eine regelrechte Blütezeit für die Pferdefutterindustrie.

Lange bevor man an industrielle Mischungen für Rinder, Schweine oder Geflügel dachte, gab es bereits industriell hergestellte Mischungen für Pferde.

Moderne Mischfutter enthalten meist eine Mischung aus Produkten der verschiedenen Getreidearten in Kombination mit Grünmehlen (aus Gras oder Luzerne) sowie Anteile von Trockenschnitzeln. Die Vorteile verschiedener Futtermittel werden auf diese Art sinnvoll miteinander kombiniert, die Nachteile einzelner Futtermittel werden ausgeglichen. Zusätzlich werden Spurenelemente und Vitamine eingemischt, sodass eine bedarfsgerechte Versorgung erleichtert wird. Beim Vermahlen und Pelletieren unter Druck und mit heißem Wasserdampf wird die Verdaulichkeit der Stärke deutlich verbessert.

In neuerer Zeit werden verstärkt sogenannte Müslifutter angeboten, bei denen die Getreideanteile in unvermahlener Form eingemischt werden. Sinnvollerweise werden die Getreidekomponenten meist hydrothermisch behandelt.

Müsli oder Pellets?

Unter Laien wird häufig sehr erbittert die Diskussion geführt, ob Müsli- oder Pelletfutter für das Pferd geeigneter sind. Pelletierte Mischungen sind leicht zu transportieren und zu lagern. Sie entmischen sich nicht und sind in der Regel haltbarer. Müslimischungen sind für den Menschen optisch ansprechender. Die Beurteilung der Komponenten ist ohne Mikroskop möglich.

So individuell wie möglich: Aus verschiedenen Futtermitteln kann für jedes Pferd eine bedarfsgerechte Ration zusammengestellt werden.

3
Mischfutter

Allerdings eignen sich Müslimischungen eher für kleinere Bestände, für die Sackware praktikabler ist. In der Losekette entmischen sich Müslis leichter. Die offenen Strukturen sind für Mikroorganismen leichter anzugreifen, sodass ein Müsli schneller verdirbt.

Viel entscheidender als die Frage Müsli oder Pellets ist die Frage: Wie ist das Futter zusammengesetzt? Für welchen Einsatzbereich ist es gedacht? Und welche Fütterungsstrategie soll damit verfolgt werden? Je nach Einsatzzweck unterscheidet man verschiedene Formen von Ergänzungsfutter, zum Beispiel Haferersatz als Ergänzung zu Heu. Außerdem wird nach Bedarfsgruppen unterschieden, beispielsweise Ergänzungsfutter für Sportpferde, Ergänzungsfutter für Zuchtpferde oder Ergänzungsfutter für Fohlen usw.

Wichtig ist für Sie, dass Sie den Bedarf Ihrer Pferde möglichst genau kennen und die Grundfuttersituation möglichst genau einschätzen können. Sie sollten also wissen, was Ihre Weide, Silage oder Ihr Heu an Nährstoffen hergibt.

Die fehlenden Nährstoffe können dann sinnvoll über Kraftfutter und/oder Mineralfutter hinzugegeben werden. Sie sollten also zumindest eine grobe Rationskalkulation für die wichtigsten Nährstoffe und Mineralien durchführen, wobei Sie natürlich überprüfen müssen, ob die kalkulierten Mengen auch aufgenommen werden.

Im Gegensatz zu Einzelfuttermitteln ist für Mischfutter immer eine gesetzlich vorgeschriebene Deklaration am Futtersack vorhanden, die Ihnen die wesentlichen Hinweise auf die Inhaltsstoffe und die Zusammensetzung des Futtermittels gibt.

Was kommt in den Futtertrog? Müsli oder Pellets? Diese Frage wird unter Pferdeleuten häufig sehr emotional und ideologisch diskutiert.

Futtermittel und Fütterungspraxis

Welche Informationen können Sie einer Deklaration entnehmen?

Genannt wird zunächst der Name des Futtermittels. Dann folgt die Zweckbestimmung des Futtermittels. Folgende Kategorien sind futtermittelrechtlich vom Gesetzgeber vorgesehen: Ergänzungs-, Allein-, Mineral- oder Diätfuttermittel. Im vorliegenden Fall (Abb. rechts) handelt es sich um ein Ergänzungsfuttermittel für Sportpferde. Die meisten Mischfutter sind futtermittelrechtlich betrachtet Ergänzungsfuttermittel. Alleinfuttermittel sind in der Pferdefütterung nur in Ausnahmefällen üblich. Alleinfutter sollen den gesamten Nährstoffbedarf eines Tieres auch bei alleiniger Verfütterung vollständig decken. Da Pferde sehr stark auf grobfaseriges Grundfutter angewiesen sind, wird in der Regel Grundfutter in Form von Heu, Silage und Stroh in Kombination mit ergänzendem Kraftfutter eingesetzt. Der Kraftfutteranteil kann in Abhängigkeit von der Arbeitsleistung erheblich variieren. Bei einem Alleinfutter müssen Grobfutterkomponenten und Kraftfutter in einem Produkt, zum Beispiel in Form von Briketts kombiniert werden. Die Anpassung an unterschiedliche Leistungsniveaus ist somit schwer möglich. Am ehesten Sinn machen solche Brikettformen für Stauballergiker, die nicht stark belastet werden.

Mineralfuttermittel haben den Zweck, den Mineralstoffmangel aus Grundfutter und getreidereichen Rationen auszugleichen. Sie setzen sich überwiegend aus mineralischen Rohkomponenten zusammen und müssen mindestens 40 % Rohasche enthalten. Da Mineralfuttermittel höhere Gehalte an Spurenelementen aufzuweisen haben, muss eine

Inhaltsstoffe
Rohprotein	12,0 %	Calcium	1,10 %
Rohfett	4,0 %	Phosphor	0,25 %
Rohfaser	7,0 %	Natrium	0,20 %
Rohasche	6,0 %	Magnesium	0,15 %

Zusatzstoffe je kg
Vit. A	30.000 I.E.	Vit. B12	56 mcg
Vit. D3	3.000 I.E.	Kupfer	22,5 mg
Vit. E	100 mg	Zink	94,5 mg
Vit. B1	3,75 mg	Selen	0,36 mg
Vit. B2	7,5 mg	Jod	0,68 mg

sowie weitere Vit. u. Spurenelemente

Zusammensetzung

aufgeschlossener Mais, Gersten- und Haferflocken, Luzerne, Soja, Leinschrot, Melasse, Vitamin- und Mineralstoffvormischung

Fütterungsempfehlung

Als Ergänzung zu Heu und Stroh erhalten je nach Beanspruchung:

Military- und Rennpferde, Deckhengste
40 bis 60 % der Kraftfutterration

Spring- und Dressurpferde
bis 30 % der Kraftfutterration

Freizeit- und Kleinpferde
bis 20 % der Kraftfutterration

Problempferde, schlechte Fresser, nervöse Pferde sowie Pferde während und nach extremer Belastung
bis zu 30 Tage als alleiniges Kraftfutter
(3 bis 5 kg am Tag)

Packungseinheit
20 kg-Papiersack

Sackanhänger mit den gesetzlich vorgeschriebenen Informationen.

genaue Dosierung erfolgen, um eine schädliche Überversorgung zu vermeiden.

Diätfuttermittel sind Ergänzungsfuttermittel, die für besondere Ernährungszwecke vorgesehen sind. Ob ein Futtermittel ein Diätfuttermittel ist, wird vom Gesetzgeber klar im Futtermittelrecht nach einem besonderen Kriterienkatalog geregelt.

Der Gesetzgeber lässt bestimmte Futtermittel für genau definierte Problembereiche, wie zum Beispiel Regulation der Dünndarmverdauung, Unterstützung von Leber- oder Nierenfunktion sowie Unterstützung bei Untergewicht beziehungsweise Rekonvaleszenz zu. Für alle anderen Mischfuttermittel untersagt der Gesetzgeber gesundheitsbezogene Werbeaussagen.

Mischfutter

Inhaltsstoffe

In der nächsten Rubrik werden die Inhaltsstoffe, das heißt die chemische Zusammensetzung des Futtermittels aufgeführt. Die Angaben erfolgen entsprechend der sogenannten Weender Analyse (s. unten), einem einfachen Verfahren, das vor über hundert Jahren an der Universität Göttingen entwickelt wurde.

Für die Pferdefütterung dienen die Angaben von Rohprotein, Rohfaser, Rohasche und Rohfett als Anhaltspunkte für die Rationsgestaltung sowie zur Beurteilung und zum Vergleich von Futtermitteln.

Der Energiegehalt kann nur indirekt über eine Schätzformel ermittelt werden. Einen amtlich anerkannten Energiemaßstab gibt es nach wie vor nicht. Daher dürfen Hersteller auch im amtlichen Teil einer Deklaration keine Energieangabe für das jeweilige Futtermittel machen. Für eine sichere Rationsberechnung ist die Angabe von verdaulichem Rohprotein und verdaulicher Energie wesentlich. Diese Informationen darf der Hersteller laut Futtermittelrecht nur in Form einer Zusatzinformation geben.

Die Nährstoffgehalte allein bieten jedoch noch keine Gewähr für die Eignung eines Futtermittels. Die Verträglichkeit eines Mischfutters hängt stark von der Art und Qualität der verwendeten Einzelkomponenten sowie deren Bearbeitung ab. So sind beispielsweise die Art der Stärke und der Aufschlussgrad ganz wesentliche Kriterien für ein Mischfutter.

Die Weender Futtermittelanalyse

Was verbirgt sich hinter den Begriffen Rohprotein, Rohfaser, Rohasche und Rohfett? Bei den Angaben handelt es sich um Ergebnisse chemischer Analysemethoden im Rahmen der so genannten Weender Futtermittelanalyse.

Rohprotein
Unter Rohprotein werden alle stickstoffhaltigen Substanzen eines Futtermittels zusammengefasst. Dazu zählen Eiweiße sowie auch Nitrit- und Nitratverbindungen.

Rohfaser
Darunter fallen beispielsweise Bestandteile wie Cellulose, Lignin, Pentosane sowie andere Ballaststoffe. Im Sinne der chemischen Analyse wird damit der in Säuren und Laugen unlösliche fett-, stickstoff- und aschefreie Rückstand einer Substanz bezeichnet.

Rohasche
Um den Rohaschegehalt zu bestimmen, wird das Futtermittel verbrannt. Die dabei nicht verbrannten Bestandteile geben einen Anhalt für den Gehalt an anorganischen Substanzen und den Mineralstoffgehalt.

Rohfett
Als Rohfett werden alle Bestandteile bezeichnet, die in einer Ätherlösung löslich, also fettlöslich sind.

Futtermittel und Fütterungspraxis

Unter Zusammensetzung sind die verwendeten Einzelfuttermittel entweder in absteigender Reihenfolge ihres Gewichtsanteils oder mit prozentualer Angabe aufgeführt.

Unter dem Begriff Zusatzstoffe werden Stoffe mit sehr unterschiedlichen Funktionen zusammengefasst. Sie ergänzen Spurenelement- und Vitamingehalte. Beachten Sie, dass die Mengen an Vitamin A und D zumindest in den Sommermonaten meist abgedeckt sind. Überhöhte Gehalte sind nicht nur unwirtschaftlich, sondern können auch Gesundheitsrisiken bergen. Für die Spurenelemente hat der Gesetzgeber ohnehin Obergrenzen festgelegt, die die Futtermittelhersteller unbedingt einhalten müssen.

wird durch die Vergärung (Fermentation) sehr viel Gas und sehr viel Wärme gebildet. Bei schwer arbeitenden Pferden kann dies natürlich auch zu einer erheblichen Stoffwechselbelastung führen. Der Wirkungsgrad der Verdauung ist in den verschiedenen Verdauungsabschnitten in Abhängigkeit von der Stärkeart sehr unterschiedlich. Die effektive Verwertung von Haferstärke ist sehr viel besser als die von Maisstärke, da die Haferstärke bereits im Dünndarm zu 80 % abgebaut wird, Maisstärke dagegen nur zu etwa 30 %. Wie viel Energie letztendlich wirklich für Arbeitsleistung zur Verfügung steht, lässt sich nicht unbedingt aus der Menge an verdaulicher Energie laut Tabellenwert festlegen.

Die Futterbewertung

Aufgrund ihrer Nährstoffgehalte, Beschaffenheit und Verdaulichkeit wird versucht, die Futtermittel in ihrer Bedeutung für die Pferdefütterung in Tabellensystemen einzuordnen, um Rationsberechnungen durchzuführen. Der hierbei verwendete Energiemaßstab der verdaulichen Energie berücksichtigt jedoch nicht, dass noch im Körper durch Harn, Gas- und Wärmebildung erhebliche Energieverluste auftreten. Wenn 1 kg Mais also einen Gehalt von 13,6 Megajoule verdaulicher Energie aufweist, bedeutet dies nicht, dass dieser Wert uneingeschränkt für den Erhaltungsstoffwechsel oder für Muskelarbeit zur Verfügung steht. Gerade bei Maiskörnern entstehen zum Beispiel Energieverluste, da nur wenig Stärke im Dünndarm aufgenommen wird. Im Blinddarm und übrigen Dickdarm

Wissenschaft & Forschung

Wissenschaftlerinnen aus Rostock und München weltweit führend bei der energetischen Futterbewertung für Pferde

Das US-amerikanische »National Research Council« hat 2008 die gemeinsam von Frau Professor Annette Zeyner, Universität Rostock, und Frau Professor Ellen Kienzle, Ludwig-Maximilians-Universität München, entwickelte und im renommierten »Journal of Nutrition« veröffentlichte Gleichung zur Schätzung des Gehaltes an verdaulicher Energie in Einzel- und Mischfuttermitteln sowie Rationen für Pferde über Weender Rohnährstoffe als weltweit beste Schätzgleichung dieser Art gewürdigt.

Die beiden Professorinnen haben inzwischen eine weiterführende Gleichung entwickelt, welche zusätzlich energetische Verluste über die Methanproduktion im Verdauungsraum sowie den Austrag stickstoffhaltiger Verbindungen mit dem Harn der Tiere berücksichtigt (siehe Seite 57).

Die Futterbewertung

Die Bewertung von Pferdefutter auf Basis der umsetzbaren Energie?

Die energetische Bewertung von Futtermitteln für Pferde wird hierzulande auf der Stufe der **verdaulichen** Energie (digestible energy = DE) vorgenommen. Dafür steht eine leistungsfähige Gleichung zur Verfügung (ZEYNER und KIENZLE 2002), welche in Deutschland (GfE 2003) und den USA (NRC 2007) von den maßgeblichen wissenschaftlichen Gremien empfohlen wird.

Zur Nutzung dieser Gleichung werden nur die Gehalte an Rohnährstoffen im Futter benötigt (Rohprotein, Rohfett, Rohfaser, N-freie Extraktstoffe), welche unschwer über Futterwerttabellen, Mischfutterdeklaration oder Routineanalytik zu ermitteln sind.

Prof. Dr. Annette Zeyner, Universität Rostock

Bei der Verwendung der DE als Energiestufe bleiben jedoch wesentliche Verlustquellen unberücksichtigt. In Hinblick auf die Ausprägung dieser Verluste nimmt das Pferd eine Sonderstellung ein. So kommt dem Energieverlust durch das mikrobiell im Dickdarm gebildete Methan eine weit geringere Bedeutung zu als bisher angenommen. Dafür müssen nur etwa 2 kJ pro g Rohfaser veranschlagt werden. Weit umfangreicher ist der energetische Verlust, der durch Rohprotein entsteht. Rohprotein ist N-haltig und die Ausscheidung überschüssigen Stickstoffs mit dem Harn erfolgt beim Pferd in großem Umfang in Form von Hippursäure. Diese Verbindung enthält außerordentlich viel Energie. Pferde verlieren so pro g verzehrten Rohproteins etwa 8 kJ. Durch Berücksichtigung der Verluste an Methan- und Harnenergie entsteht aus der DE-Formel eine Gleichung mit deren Hilfe der Gehalt des Futters an **umsetzbarer** Energie (metabolizable energy = ME) geschätzt werden kann (KIENZLE und ZEYNER 2010). Die ME-Gleichung gilt wie bereits ihr Vorläufermodell sowohl für Einzelfuttermittel als auch für Mischfuttermittel und Rationen. Es sollte allerdings vermieden werden, dass der Rohfettgehalt der Gesamtration 8 % in der Trockenmasse überschreitet und der an Rohfaser 35 %. Ansonsten können die Verdauungsprozesse in einem Umfang gestört sein, dass jede Energiewertschätzung unrealistisch wird.

GfE (2003): Communications of the Committee for Requirement Standards of the Society of Nutrition Physiology. Prediction of digestible energy (DE) in horse feed. Proc. Soc. Nutr. Physiol. 12, 123-126.

KIENZLE E., ZEYNER A. (2010): The development of a metabolisable energy system for horses. J. Anim. Physiol. Anim. Nutr. 94, e231–e240.

NRC (2007): Nutrient requirements of horses. 6th rev. ed. (ed., National Research Council of the National Academies, U.S.). The National Academies Press: Washington D.C.

ZEYNER A., KIENZLE E. (2002): A method to estimate digestible energy in horse feed. J. Nutr. 132, 1771S–1773S.

Futtermittel und Fütterungspraxis

> ### Wo finde ich Energieangaben für Pferdefutter?
> Im amtlichen Teil der Deklaration dürfen Hersteller keine Energieangaben machen, da es für Pferdefutter immer noch keinen überprüfbaren Energiemaßstab gibt. Eine grobe Einschätzung ist auf Grund des Rohfasergehaltes möglich, das heißt hohe Rohfasergehalte bedeuten niedrige Energiegehalte und umgekehrt.
>
> Viele Hersteller geben als Zusatzinformation Energiegehalte an. Achten Sie jedoch darauf, wie die Angabe erfolgt. Wird der Energiegehalt pro kg Trockensubstanz angegeben, müssen Sie den Wert um 10 % nach unten korrigieren. Recht brauchbar ist auch folgende Schätzformel, die im Arbeitskreis Pferdefütterung der Deutschen Landwirtschaftsgesellschaft vorgeschlagen wurde:
>
> **DE (MJ/kg T)= -3,54 + 0,0209 XP + 0,0420 XL + 0,0001 XF + 0,0185 XX**
> (XP = Rohprotein, L = Fett, F = Faser, X = N-freie Extraktstoffe;
> gültig bis 8 % Rohfett, 35 % Rohfaser)
>
> (nach ZEYNER und KIENZLE 2001)

Einfluss der Zubereitungsform

Eine Vermahlung der Stärke verbessert die Verdaulichkeit. Noch größer ist diese bei hydrothermischer Behandlung.

Bei Rohfaser sinkt dagegen die Verdaulichkeit bei Vermahlung. Die unbehandelte, strukturierte Form hat eine höhere Verdaulichkeit.

Einfluss der Gesamtration

Zu berücksichtigen ist, dass die Verwertung der Nährstoffe auch von der Gesamtration und der Menge der zugeführten Nährstoffe abhängt.

1,5 kg Hafer pro Mahlzeit können im Dünndarm besser ausgenutzt werden als 3 kg. Die Verdaulichkeit im Dünndarm kann im letzteren Fall um die Hälfte absinken. Die Verdaulichkeit wird dementsprechend von ca. 80 % auf ca. 40 % absinken. Die höhere Futtermenge hat also fast keinen Effekt. Eher führt sie zu einer erhöhten Stoffwechselbelastung.

Auch bei Spurenelementen ist die Verwertung sehr stark von der zugeführten Menge abhängig. Werden Spurenelemente in einer Mangelsituation verabreicht, erreichen diese eine hohe Aufnahme. Bei hohem Versorgungsniveau ist die Ausnutzung dagegen deutlich geringer. Der Organismus schützt sich in diesem Fall sogar vor einer Vergiftung durch ein Überangebot.

Verfahren Sie aber dennoch nicht nach dem Prinzip viel hilft viel, da ab einer bestimmten Höchstgrenze in jedem Fall Vergiftungen auftreten.

Energiebedarf ermitteln

Wirkungsgrad der Stärkeverdauung

	Stärke	Verdaulichkeit im Dünndarm	aus dem Dünndarm zu nutzende Menge	unverdaut in den Dickdarm
1 kg Mais	600 g	30 %	180 g	420 g
1 kg Gerste	500 g	25 %	125 g	375 g
1 kg Hafer	400 g	80 %	320 g	80 g

Energiebedarf ermitteln

Je nach Körpergewicht, Rasse, Alter und Belastungsintensität variiert der Energiebedarf des Pferdes erheblich. Dabei steigt dieser bei schneller Arbeit überproportional an.

Das bedeutet, dass Sie mit der Energie aus 1,0 kg Hafer beispielsweise 2,5 Stunden Schritt reiten können, jedoch nur etwa sieben Minuten im Galopp bei einem Tempo von 500 m/Minute zurücklegen können.

Um den individuellen Bedarf Ihres Pferdes zu ermitteln, sollten Sie das Gewicht ihres Pferdes kennen. Das heißt, Sie müssten es wiegen. Fragen Sie am besten, ob Sie dazu die Brückenwaage Ihrer nächsten Genossenschaft benutzen dürfen. Steht keine Waage zur Verfügung, können Sie nach einer einfachen Schätzformel das Gewicht des Pferdes überschlägig berechnen. Diese Berechnung ergibt sich aus der Körperlänge gemessen von Bugspitze bis zum Sitzbeinhöcker und dem Brustumfang. Die Formel lautet:

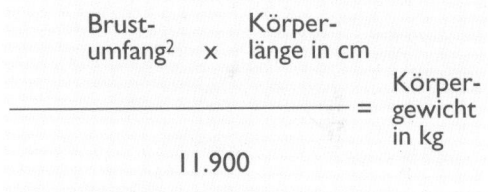

$$\frac{\text{Brustumfang}^2 \times \text{Körperlänge in cm}}{11.900} = \text{Körpergewicht in kg}$$

Der Energiebedarf Ihres Pferdes setzt sich aus dem so genannten Erhaltungsbedarf und der Energie für die tägliche Arbeit zusammen.

Aus dem Körpergewicht können Sie den Erhaltungsbedarf ableiten. Ein Pferd mit 600 kg Körpergewicht hat einem Erhaltungsbedarf von 73 Megajoule. Für die Berechnung der für die Arbeit benötigten Energie müssen Sie die Zeiten, in denen Sie das Pferd im Schritt, im Trab und im Galopp bewegen, erfassen.

3

Futtermittel und Fütterungspraxis

Die jeweiligen Zeiten mit entsprechendem Gangmaß können Sie in der Tabelle auf Seite 63 einer Energiezahl zuordnen.

Ein Beispiel: 20 Minuten Schritt entsprechen 2,3 Megajoule, 25 Minuten Trab und 15 Minuten Arbeitsgalopp entsprechen 23,8 Megajoule.

Futterrationen gestalten

Bei allen Rationen muss der Grundsatz gelten, dass die artgemäßen Anforderungen des Pferdes im Hinblick auf die Verträglichkeit der Komponenten gewährleistet sind.

Wichtig ist dabei vor allem, dass dem natürlichen Kau- und Fressbedürfnis der Pferde Rechnung getragen wird. Daher geben Sie so viel Raufutter in Form von Heu, Stroh oder Silage wie möglich und verabreichen so viel Kraftfutter wie nötig. Je 100 kg Körpergewicht müssen mindestens 1,0 kg kaufähiges Raufutter angeboten werden. Bei Stroh sollte jedoch die Höchstmenge von 0,8 kg je 100 kg Körpermasse nicht überschritten werden, da sonst die Gefahr von Anschoppungskoliken (Verstopfungen) steigt.

Stärkereiches Kraftfutter sollten Sie in Abhängigkeit von der Verdaulichkeit der Stärke beschränken. Das heißt, verabreichen Sie Stärketräger, wie Gerste und Mais, in kleinen Anteilen. Höhere Stärkemengen sollten nur in aufgeschlossenem Zustand als Flocken und mit genügend Raufutter gegeben werden.

Ob einzelne Futtermittel für die Ration geeignet sind, hängt natürlich neben der Quali-

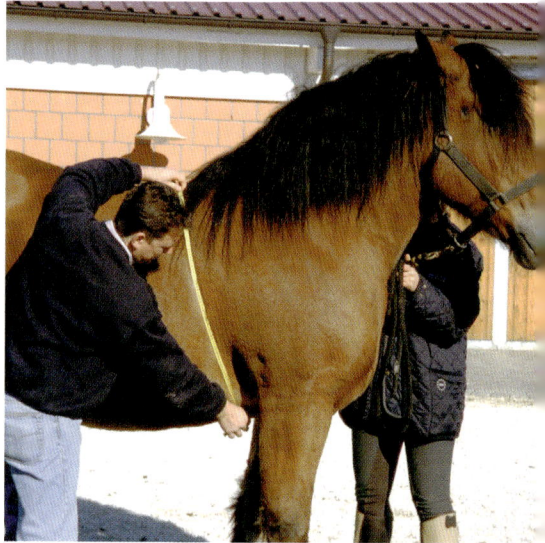

Das Gewicht kann überschlägig mit Hilfe der Körpermaße berechnet werden: Vermessen Sie Ihr Pferd wie auf den Bildern gezeigt: 1. Körperlänge vom Sitzbeinhöcker bis zum Buggelenk und 2. Brustumfang in der Gurttiefe. Die Werte setzen Sie in die Formel auf Seite 59 ein.

tät auch von der Gesamtration ab. Möhren können ein willkommenes Futtermittel zur Ergänzung von klassischen Heu- und Strohrationen im Winter sein.

Wird im Betrieb doch eine relativ feuchte Grassilage gefüttert, trägt die Verfütterung von Möhren in diesem Fall zur Erhöhung des Durchfallrisikos bei.

Die Wechselwirkung mit den anderen Futtermitteln muss also in jedem Fall geprüft werden. Der Computer kann hier nicht helfen. An dieser Stelle sind Fingerspitzengefühl und Erfahrung notwendig. Futtermittel schwanken stark in ihrem Nährstoffgehalt. Die Nährstoffgehalte von Heu und Silage variieren zum Beispiel in Abhängigkeit von der Bodenart, der Düngung und dem Erntezeitpunkt sehr stark. Für größere Betriebe mit großen Erntemengen lohnt sich daher immer eine genaue Nährstoffanalyse.

Wie gehe ich bei der Rationsberechnung vor?

Eine genaue Rationsberechnung ist nur möglich, wenn die Inhaltsstoffe der betreffenden Grundfuttermittel durch Analyse eines Untersuchungslabors ermittelt wurden. Berechnungen anhand von Durchschnittswerten der Futtermitteltabellen sind naturgemäß wesentlich ungenauer. Allerdings stehen die Untersuchungsergebnisse für Heu und Silagen häufig erst zur Verfügung, wenn die Futtermittel schon verfüttert sind. Eine überschlägige Kalkulation anhand von Tabellenwerten ermöglicht zumindest eine grobe Einschätzung der Ration. Dabei werden die Mengen an Inhaltsstoffen der einzelnen Rationskomponenten addiert.

Ein Beispiel:

(x)	1 kg Hafer enthält	11,6 Megajoule
	=> 3 kg enthalten	34,8 Megajoule
(y)	1 kg Heu enthält	8,0 Megajoule
	=> 6 kg enthalten	48,0 Megajoule
(z)	1 kg Stroh enthält	4,8 Megajoule
	=> 3 kg enthalten	14,4 Megajoule

Die Gesamtration enthält also
$3x + 6y + 3z = 34,8 \text{ MJ} + 48 \text{ MJ} + 14,4 \text{ MJ}$
$= 97,2$ Megajoule

Den gefundenen Wert vergleichen Sie nun mit dem Wert aus der Bedarfstabelle. Der Tagesbedarf für Energie bei mittlerer Arbeit beträgt 97,2 Megajoule. Der Bedarf ist durch die Ration abgedeckt. Für höhere Belastung müssten Sie entsprechend Kraftfutter ergänzen.

Anders sieht es bei diesem Beispiel bei dem Natriumbedarf aus:

1 kg Hafer enthält	0,2 g Natrium
=> 3 kg enthalten	0,6 g Natrium
1 kg Heu enthält	0,5 g Natrium
=> 6 kg enthalten	3,0 g Natrium
1 kg Stroh enthält	1,0 g Natrium
=> 3 kg enthalten	3,0 g Natrium

Die Gesamtration enthält also 6,6 g Natrium. Der Bedarf des arbeitenden Pferdes liegt bei 45 g. Es fehlen also 38,4 g Natrium, die Sie zum Beispiel durch einen Salzleckstein oder getrennte Kochsalzgaben ergänzen müssen. Es gibt mittlerweile eine Vielzahl von Computerprogrammen, mit denen Rationsberechnungen sehr leicht durchgeführt werden können. Sie sollten immer wieder überprüfen, ob die verwendeten Futtermittel wirklich

3
Futtermittel und Fütterungspraxis

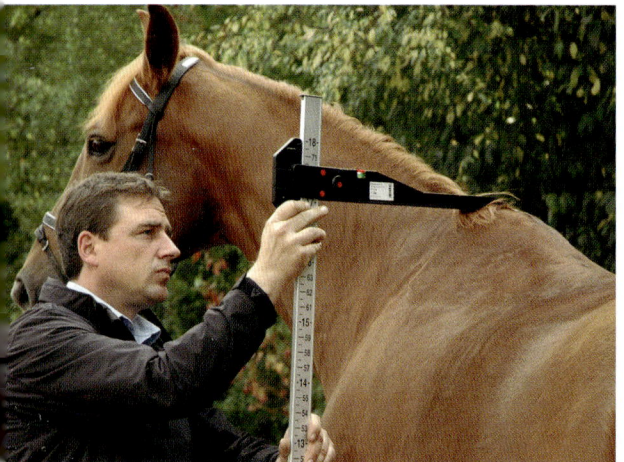

Trotz aller Berechnungsmöglichkeiten gilt: Das Auge des Herrn füttert das Pferd.

die in den Dateien zugrunde gelegten Werte aufweisen beziehungsweise ob die Dateien wirklich aktuelle Gehalte für die berechneten Nährstoffe berücksichtigen. Häufig werden Berechnungen angestellt, in denen erhebliche Versorgungsmängel errechnet werden. Dabei wird oft übersehen, dass für den entsprechenden Mineralstoff oder das betreffende Vitamin gar keine Werte in der Datei hinterlegt sind. Daher sollten Sie bei eklatanten Abweichungen vom Bedarf zunächst die Werte in den Futtermitteldateien des Programms überprüfen.

Viele Programme enthalten völlig veraltete oder schlichtweg falsche Optimierungsvorgaben. So hat beispielsweise die Forderung, das Verhältnis von Eiweiß zu Energie müsse immer bei 5 g Rohprotein zu 1 g verdaulicher Energie liegen, zu völlig unphysiologischen Rationen geführt. Die Erfüllung dieses Optimierungskriterium führt häufig zu einem übertrieben hohen Stärkegehalt in den Rationen, die den Stoffwechsel wesentlich stärker belasten als geringfügige Eiweißüberschüsse. Daher lieber ein Verhältnis von 7 : 1 oder 8 : 1 anstreben, als zu hohe Stärkemengen in Kauf zu nehmen, die zu einer Übersäuerung des Blinddarm-Dickdarm-Systems mit anschließender Hufrehe führen.

In der Praxis liegen die Eiweißmengen häufig 30 bis 40 % über dem in den Bedarfstabellen angegebenen Werten, ohne dass wirkliche Probleme oder Gesundheitsschäden auftreten. Prof. Helmut Meyer und Prof. Dr. M. Coenen, Direktor des Instituts für Tierernährung, Ernährungsschäden und Diätetik an der Universität Leipzig, halten erst eine das Dreifache (!) des Bedarfs übersteigende Eiweißmenge für gesundheitsschädlich.

Das soll natürlich nicht heißen, dass Sie sorglos eine dauernde Eiweißüberversorgung in solch extremer Höhe in Kauf nehmen sollen. Mehr Beachtung verdient aber die Überversorgung mit Kohlenhydraten. In einem Fütterungsversuch unter Praxisbedingungen haben Stärkemengen, die noch innerhalb der

Futterrationen gestalten

wissenschaftlich empfohlenen Grenzen lagen, bereits zu Kreuzverschlägen geführt.
Keine Rationsberechnung kann die regelmäßige Fütterungskontrolle und Beobachtung ersetzen. Das sollte bedacht werden. Die individuellen Unterschiede zwischen den Pferden sind häufig sehr groß. Und jeder Pferdehalter kennt Pferde, die bei gleicher Belastung und unter gleichen Haltungs- und Trainingsbedingungen sehr unterschiedliche Futtermengen benötigen. Hinzu kommt noch, dass Pferde auch sehr wählerisch bezüglich der einzelnen Rationskomponenten sind. Was nützt die schönste Berechnung, wenn das Pferd die errechneten Mengen bzw. einzelne Futtermittel nicht fressen will.

Energetischer Leistungsbedarf (MJ DE) eines Pferdes in Abhängigkeit von der Belastungsintensität
(600 kg KG; GfE 1994)

Gangart	Schritt		Trab		Galopp	
	langsam	schnell	leicht	schnell	mittel	schnell
Geschwindigkeit km/h	3,5	6	12	18	21	30
Entfernung m/min.	58	100	200	300	350	500

Dauer der Belastung (Minuten)	– Leistungsbedarf –					
2	-	-	-	1	2	5
4	-	-	1	2	3	9
6	-	-	2	3	5	14
8	-	-	2	5	7	18
10	-	1	3	6	8	23
20	1	2	5	11	16	45
30	2	3	8	17	25	-
40	3	4	11	23	33	-
60	4	7	16	34	49	-
80	6	9	22	46	-	-
100	7	11	27	57	-	-
120	8	13	32	69	-	-
150	11	17	41	-	-	-
180	13	20	49	-	-	-

Futtermittel und Fütterungspraxis

Nährstoffgehalte gebräuchlicher Futtermittel

Futtermittel	T-Gehalt (g)	verd. Energie DE (MJ)	v RP (g)	Ca (g)	P (g)
		Gehalte je kg Futtermittel			
Grobfutter					
Weide- und Wiesengras	170–220	2,0–2,3	16–29	1,1	0,7
Anwelksilage (Gras)	500 (400–550)	5,0 (4,0–5,5)	55,0 (44–60)	2,5 (2,0–2,8)	1,5 (1,2–1,7)
Maissilage	320	3,6	19,0	0,9	0,7
Wiesenheu (1. Schnitt, Beginn Mitte Blüte)	860	8,0	55,0	5,0	3,0
Weizenstroh	860	4,8	9,0	2,6	0,8
Saftfutter					
Gehaltsrüben, frisch	150	2,0	9,0	0,4	0,4
Rote Beete	140	2,0	10,0	0,3	0,4
Mohrrüben	110	1,7	9,0	0,4	0,3
Kraftfutter					
Hafer	880	11,5	85,0	1,0	3,2
Gerste	880	12,8	87,0	0,6	3,4
Körnermais	880	13,6	64,0	0,4	2,8
Weizen	880	13,5	88,0	0,4	3,3
Weizenkleie	880	9,7	105,0	0,4	11,8
Melasseschnitzel	910	11,7	65,0	8,1	0,8
Leinsamen	880	14,1	164,0	2,6	5,5
Sojaextraktionsschrot	880	14,6	412,0	3,0	6,4
Bierhefe, getrocknet	900	13,5	399,0	2,8	14,4
Pflanzenöl	999	36,1	-	-	-
Ergänzungsfuttermittel zu Heu/Stroh	880	10,5 (9,5–11,5)	90,0 (65–120)	10,0 (6–20)	5,0 (4–10)
Ergänzungsfuttermittel für Sportpferde	880	10,5 (10,0–12,0)	85,0 (75–110)	8,0 (6–20)	5,0 (4–10)
Ergänzungsfuttermittel für Zuchtpferde	880	11,5 (10,5–12,5)	125,0 (100–160)	14,0 (6–20)	5,0 (3–9)
Ergänzungsfuttermittel für Fohlen	880	11,8 (11,3–12,5)	125,0 (115–150)	15,0 (7–20)	5,0 (4–13)
Mineralfutter (Ca : P ca. 3–4 : 1)	910	-	-	100–220	40–70

(DLG Futterwerttabelle 1995 und aktuelle Herstellerangaben)

Checkliste zur Rationsberechnung

Beispiel für den Energiebedarf (MJ DE) eines Reitpferdes bei mittlerer Arbeit
(600 kg Körpergewicht)

Bewegung	km/h	MJ DE / 60 Minuten	Beispiel Minuten	MJ DE
Schritt	6	7	20	2,3
Trab	12	16	25	6,7
Galopp	21	49	15	14,6
			Leistungsbedarf:	23,6
			plus Erhaltungsbedarf	73,0
			Gesamtbedarf/Tag:	**96,6**

leichte Arbeit — bis 20 % über Erhaltungsbedarf
mittlere Arbeit — ca. 20–33 % über Erhaltungsbedarf
schwere Arbeit — ca. 33–50 % über Erhaltungsbedarf

(DLG 2002)

Checkliste zur Rationsberechnung

Bevor Sie rechnen: Können Sie den Bedarf Ihres Pferdes einschätzen? Der Energiebedarf wird meist überschätzt (s. Tabelle Seite 63). Beachten Sie das Temperament und die individuelle Futterverwertung Ihres Pferdes, berücksichtigen Sie Zu- oder Abschläge für den Futterzustand. Haben Sie für alle Futtermittel, die Sie verwenden, aussagekräftige Daten über die wertbestimmenden Inhaltsstoffe? Tabellenwerte bieten nur Anhaltspunkte, die im Einzelfall sehr stark von der tatsächlichen Ration abweichen können.

Leichte Bewegung oder schwere Arbeit? Die richtige Einschätzung ist für die Rationsberechnung wichtig.

Futtermittel und Fütterungspraxis

Optimierungskriterien:

- Energiebedarf zuerst möglichst genau decken, Eiweißunterversorgung vor allem bei Zuchtstuten und Fohlen unbedingt vermeiden. (Bei Reitpferden ist eine zeitweise Eiweißüberversorgung von bis zu 50 % problemlos. Bei Weidefütterung können kurzfristig sogar über 200 % des Bedarfs ohne Probleme aufgenommen werden.)
- Eine langfristige Eiweißüberversorgung ist jedoch zu vermeiden.
- Der maximale Stärkegehalt sollte 2 g Stärke je kg Körpergewicht nicht überschreiten.
- Mindestens 0,5 kg, besser 1,0 kg kaufähiges Raufutter in Form von Heu je 100 kg Körpergewicht einplanen.
- Maximal 0,8 kg Stroh je 100 kg Körpergewicht anbieten.
- Der Anteil strukturierter Rohfaser sollte mindestens 18 % der Gesamtration (bezogen auf die Frischmasse) betragen.
- Das Calcium-Phosphor-Verhältnis beim ausgewachsenem Pferd sollte zwischen 1,5 : 1,0 und 3,0 : 1,0 liegen, wobei die Deckung des Bedarfs in jedem Fall sicherzustellen ist. Bei Fohlen und Jungpferden sollte das Calcium-Phosphor-Verhältnis zwischen 1,2 : 1,0 und 1,8 : 1,0 liegen.

Spezielle Fütterungssituationen und Beispielrationen

Fütterung des Rennpferdes

Galopprennpferde müssen in der Lage sein, innerhalb kurzer Zeit viel Energie für Muskelarbeit zu mobilisieren. Aufgrund der hohen Geschwindigkeit findet die Energiegewinnung vor allem im anaeroben Bereich statt. Bei dieser anaeroben Energiegewinnung, das heißt ohne Sauerstoff, kommt es zu einer erheblichen Stoffwechselbelastung. Die Energie wird mit viel Aufwand, aber unter hohen Verlusten gewonnen. Es kommt auch zu einer hohen Anreicherung von Milchsäure in der Muskulatur.

Beim gut trainierten Rennpferd sind die Muskelspeicher gut mit Glykogen gefüllt. Dieses Glykogen wird aus Kohlenhydraten in der Leber gebildet und dient als Energiereservoir. Es macht daher auch keinen Sinn, kurz vor der Rennbelastung Traubenzucker zu verabreichen. Im Gegenteil: Eine Traubenzuckergabe führt nur zu einer heftigen Insulinreaktion. Der Zucker wird in die Zellen abgegeben, und der Blutzuckerspiegel sinkt nach kurzer Zeit umso tiefer. Viel wichtiger als kurzfristig verfügbare Energieangebote sind für das Rennpferd alle Faktoren wichtig, die günstige Bedingungen für ungestörte Muskelarbeit bieten.

Die wichtigsten Faktoren sind hierbei Wasser und Elektrolyte. Wie kann dem schwer arbeitenden Rennpferd ein gutes Wasser- und Elektrolytreservoir zur Verfügung gestellt werden? Ganz einfach: durch ein reichliches Heuangebot. Denn durch viel strukturierte Rohfaser wird es dem Rennpferd ermöglicht, einen guten Wasser- und Elektrolytspeicher im Dickdarm zu bilden. Dieser trägt zu einem günstigen Milieu im Körper bei. Eine Übersäuerung des Verdauungstraktes und der Muskulatur wird so weitgehend verhindert oder zumindest doch gebremst. Diese durch

Spezielle Fütterungssituationen und Beispielrationen

wissenschaftliche Untersuchungen von Professor Manfred Coenen und seinen Mitarbeitern belegten Erkenntnisse werden leider in der Fütterungspraxis der Rennställe zu wenig berücksichtigt. Heuarme Rationen sind die Regel. Am Renntag wird oft sogar noch ganz auf Heu verzichtet, um den toten Ballast zu reduzieren. Bei gleichzeitig erhöhten Mengen an stärkereichem Kraftfutter ist die Acidose vorprogrammiert. So lange alle Trainer den gleichen Fehler machen, gibt es trotzdem einen Sieger, allerdings um den Preis erhöhter Stoffwechselprobleme. Wo Sie allerdings von Trainern und Futtermeistern eine Menge lernen können, ist in der Zubereitung und Verabreichung von Kraftfutter für mäklige Pferde mit verschiedenen Mash- und Gruel-Rezepten. Sehr einfallsreich sind sie auch darin, Futter durch unkonventionelle Zugaben schmackhaft zu machen, wie zum Beispiel durch Honig, Apfelsaft oder Malzbier.

> **TIPP!**
>
> **Sportpferde-fütterung**
>
>
> *Klaus Otte-Wiese, Springreiter und Produktberater*
>
> Bei der Fütterung von Sportpferden ist zunächst wichtig, eine ausreichende Raufutterversorgung durch gutes Heu, bzw. gute Silage und Stroh zu gewährleisten. Die Kraftfutterversorgung sollte hoch aufgeschlossen und hygienisch einwandfrei sein. Ich selber setze seit rund 30 Jahren hochwertiges, pelletiertes Futter ein, wodurch die Mineral- und Vitaminversorgung sowie die energetische Versorgung des Springpferdes bei einer durchschnittlichen Tagesmenge von 3kg/Pferd gewährleistet ist.

Fütterung des Springpferdes

Die Belastung des Springpferdes liegt – unter dem Gesichtspunkt des Energieverbrauchs betrachtet – deutlich unter der eines Renn- oder Militarypferdes. In der Abreitephase findet die Energiegewinnung in der Muskulatur weitgehend unter aeroben Bedingungen statt. Lediglich bei Zeitspringen und im Stechen wird aufgrund des höheren Tempos unter anaeroben Bedingungen die Energieausnutzung deutlich schlechter. Der Energiebedarf steigt daher unter solchen Bedingungen erheblich. Mit höherer Belastung nimmt auch der Wasser- und Elektrolytverlust stark zu. Daher ist eine gute Heuversorgung des Springpferdes gerade unter Wettkampfbedingungen eine wichtige Grundlage für eine effektive Wasser- und Elektrolytspeicherung im Dickdarm. Aus Bequemlichkeit wird leider oft auf Turnieren zu wenig Heu gefüttert.

Da die Pferde in den Boxen der Stallzelte meist auf Sägespänen stehen, ist der Rohfasermangel noch kritischer, weil kein Ausgleich über Stroh erfolgen kann. Gerade für Pferde, die nicht auf Stroh stehen, empfiehlt es sich unbedingt, mindestens dreimal täglich Heu zu füttern. Dies fördert auch den Stressabbau und beugt Magengeschwüren vor. In der Phase des Aufbautrainings muss auch beim Springpferd auf eine ausreichende Eiweißversorgung mit entsprechender Ami-

Futtermittel und Fütterungspraxis

Verschiedene Disziplinen: Aus den unterschiedlichen Anforderungen an die Pferde ergeben sich auch unterschiedliche Anforderungen an ihre Ernährung.

nosäurequalität geachtet werden. Essentielle Aminosäuren wie Lysin, Methionin und Threonin sind bei typischen Sportpferderationen mit Getreide im Mangel und bedürfen einer gezielten Ergänzung, zum Beispiel über Futtermittel, die Soja und Bierhefe enthalten.

Fütterung des Dressurpferdes

Der Energiebedarf des Dressurpferdes wird in der Praxis oft überschätzt. Viele Dressurpferde sind überfüttert und dementsprechend zu fett. Man kann sich manchmal des Eindrucks nicht erwehren, dass manche Dressurreiter aus einem noblen Halbblüter über eine Mastkur ein Barockpferd machen wollen. Natürlich braucht ein Dressurpferd eine gut ausgeprägte Muskulatur, um die für die versammelnden Lektionen nötige Tragkraft zu entfalten. In der Ausbildung ist also auch an entsprechende Eiweißmengen und -qualitäten zu denken. Die energetische Bilanz ist jedoch leicht auszugleichen, da die Energieumsetzung in relativ langsamem Tempo unter aeroben Bedingungen erfolgt. Eine Überversorgung mit Energie führt nicht nur zu unnötiger Wärmeproduktion mit Flüssigkeitsverlust durch starkes Schwitzen. Die nicht benötigte Energie wird in Form von Fett gespeichert und führt zu einer unnötig hohen Belastung von Sehnen, Bändern und Gelenken. Bei Berechnung des Energiebedarfs empfiehlt es sich daher, die Bedarfsnormen für leichte bis höchstens mittlere Arbeit anzusetzen.

Das Dressurpferd soll sich möglichst locker bewegen und ohne nervlich bedingte Verspannungen seine Lektionen zeigen. Um diese Anforderungen erfüllen zu können, ist eine möglichst geringe Stressbelastung von Bedeutung. Hierzu gehört auch die Vermeidung von Unruhe beim Füttern.

Eine ausgewogene Ration, die genügend strukturiertes Raufutter in Form von Heu enthält, ist aus verschiedenen Gründen besonders wichtig: Die Befriedigung des artgemäßen Fressverhaltens verhindert unnötige nervliche Beanspruchungen schon im Stall in der Box bzw. während des Turniers im Stall-

Spezielle Fütterungssituationen und Beispielrationen

zelt. Die Pferde sind dann von vornherein viel ruhiger und entspannter. Die Gefahr eines Energieüberschusses, der sich in übermäßigen Spannungen äußert, wird so vermieden. Hohe Kraftfuttergaben mit hohen Stärkemengen erhöhen darüber hinaus die Gefahr einer Magenschleimhautentzündung oder einer Acidose im Blinddarm. Diese Übersäuerung kann wiederum zu einer Schädigung der Darmbakterien führen. Die gesunde Darmbakterienflora ist aber Voraussetzung für eine ausreichende Vitamin-B-Synthese. B-Vitamin-Mangel dagegen ist eine Ursache für Übererregbarkeit. Dies ist für ein Dressurpferd ganz besonders kritisch. Sie sehen also, wie wichtig die Rohfaserversorgung ist. Nehmen Sie immer ein gut gefülltes Heunetz mit. Dass – wie gelegentlich behauptet wird – Strohfütterung die Rittigkeit von Dressurpferden negativ beeinflusst, kann aufgrund von anders lautenden Praxiserfahrungen nicht bestätigt werden. Vermeiden Sie Magnesiummangel, da dies zu Verkrampfungen und Nervosität führen kann. Eine gute Vitamin-E- und Selen-Versorgung schützt ebenfalls die Muskulatur des Dressurpferdes.

Fütterung des Vielseitigkeitspferdes

Betrachtet man die Anforderungen an ein Vielseitigkeitspferd, so wird klar, warum diese Disziplin als die Krone der Reiterei bezeichnet wird. Das Pferd muss eine Dressurprüfung im ruhigen Gehorsam absolvieren, es muss schnell und wendig eine Geländestrecke überwinden. Hier ist also ebenfalls der anaerobe Stoffwechsel gefragt. Im dritten Teil muss das Pferd einen Springparcours in Form eines Zeitspringens überwinden.

> **Beispiele für Arbeitsleistung von Sportpferden**
>
> **Leicht**
> 1 Stunde im Schritt und Arbeitstrab
>
> **Mittel**
> 2 Stunden Bewegung im Schritt, Arbeitstrab und kürzere Reprisen Arbeitsgalopp
>
> **Schwer**
> Längere Galoppstrecken, Tempo über 350 m/Minute, kurzfristige Hochleistung zum Beispiel über Renndistanzen (Beispielsweise 5 Minuten Tempo über 600 m/Minute)

Diese Leistungen sind nur möglich, wenn Training, Fütterung und Belastung gut aufeinander abgestimmt sind. In der Muskelaufbauphase zu Beginn der Saison muss auch mit einem erhöhten Eiweißbedarf und einem erhöhten Bedarf an essenziellen Aminosäuren gerechnet werden. In der Prüfung selbst ist neben der Fähigkeit, Energie schnell zu mobilisieren auch die Speicherkapazität für Elektrolyte gefragt. Insofern ist eine reichliche Versorgung mit Heu ein guter Schutz vor einer Acidose im Dickdarm sowie Grundlage für eine gute Wasser- und Elektrolyt-Speicherfähigkeit.

Die für die hohen Belastungen nötigen Kraftfuttermengen sollten Sie auf fünf Mahlzeiten pro Tag aufteilen. Die Kraftfutterrationen dürfen nicht zu eiweißreich sein, müssen aber den Bedarf an den essenziellen Aminosäuren

Futtermittel und Fütterungspraxis

Lysin, Methionin und Threonin decken. Hohe Gehalte an essenziellen Aminosäuren finden Sie in Luzerne, Sojaprodukten und Milchpulver (eventuell Fohlenmilch verwenden!).

Die Stärke im Kraftfutter sollte hochverdaulich sein, trotzdem darf die kritische Grenze von 2 g Stärke je kg Körpergewicht nicht überschritten werden. Zur Anhebung der Konzentration an verdaulicher Energie empfiehlt sich der Einsatz von hochwertigen Pflanzenölen, zum Beispiel Leinöl. Dies ist reich an essenziellen Fettsäuren, u.a. Omega-3-Fettsäuren sowie entzündungshemmenden Faktoren. Besonders wichtig für eine unter Höchstbelastungen arbeitende Muskulatur ist die Versorgung mit Vitamin E und dem Spurenelement Selen.

Die letzte Ration sollte das Vielseitigkeitspferd am Wettkampftag etwa drei bis vier Stunden vor der Prüfung bekommen. Auch die letzte Elektrolytgabe sollten Sie dem Pferd zu diesem Zeitpunkt verabreichen.

Werden Elektrolyte unmittelbar vor der Belastung gegeben, so ist dies eher negativ, weil dann kurzfristig noch Wasser aus dem Gewebe in den Verdauungstrakt fließt und zu kurzzeitigem Wasserdefizit führt. Kreislaufstörungen können die Folge sein. Eine Gabe von Traubenzucker vor der Prüfung ist ebenfalls wenig empfehlenswert, weil nach kurzer Zeit der Blutzuckerspiegel durch die Insulinreaktion umso stärker sinkt.

Wichtig ist, das Pferd auch unter Stressbedingungen an den Wettkampftagen zum Fressen zu motivieren. Kleine Mengen an bestem Heu helfen dem Pferd, Stress abzubauen und beugen der Gefahr von Magengeschwüren und Übersäuerungen im Dickdarm vor.

Höchstleistungen sind nur möglich, wenn Training, Fütterung und Belastung optimal aufeinander abgestimmt sind.

Spezielle Fütterungssituationen und Beispielrationen

Anforderungen an Futtermittel für Sportpferde in der Übersicht

- **Decken des Nährstoffbedarfs für Erhaltung und Leistung**
- **Eiweiß**
  Hohe biologische Wertigkeit
- **Stärke**
  Hohe Verdaulichkeit
- **Fett**
  Erhöhung der Energiedichte (3–4 %)
- **Mineralstoffe**
  Ausgleich des Elektrolytverlustes (Na), Stressdämpfung
- **Spurenelemente**
  Eisen, Kupfer, Selen
- **Vitamine**
  Vitamin A, Vitamin D, Vitamin E und B-Vitamine

Fütterung des Distanzpferdes

Die Fütterung des Distanzpferdes stellt besonders hohe Anforderungen an den Betreuer, vor allem in der Wettkampf-Phase. Auch wenn das Tempo beim Distanzritt verhältnismäßig gering ist, entsteht durch die Dauer der Belastung ein außergewöhnlich hohes Risiko für den Stoffwechsel. Hinzu kommt, dass das Pferd am Tage des Wettkampfes sehr wenig Raufutter aufnehmen kann und durch extrem hohe Schweißverluste ein erhebliches Elektrolyt-Defizit entsteht.

Der Energiebedarf des Distanzpferdes beträgt das Doppelte bis Dreifache des Erhaltungsbedarfs an Energie. Der Wärmehaushalt wird stark belastet, da bei der Energiegewinnung sehr viel Wärme entsteht. Bei ungünstigen warmen und feuchten Klimaverhältnissen kann es sogar zum Hitzestau kommen, weil der Schweiß nicht an die Umgebung abgegeben werden kann.

Außer hohen Wasserverlusten müssen die Elektrolytverluste ausgeglichen werden. Grundlage der Fütterung sind auch beim Distanzpferd raufutterreiche Rationen (etwa 1,5 kg Heu je 100 kg Körpergewicht) während der Trainingsperiode. Das Krippenfutter sollte eher eiweißarm (aber ausreichend im Aminosäurengehalt), dafür aber energiereich sein. Ölbeifütterung kann die Energiedichte erhöhen und kohlehydratreiche Futtermittel, die den Dickdarm bei hohen Fütterungsmengen stören, einsparen helfen. Die letzte Ration sollte vier Stunden vor dem Wettkampf gefüttert werden und zu gleichen Teilen aus Heu und Kraftfutter bestehen. Dem Kraftfutter sollten 50 g Salz je kg zugesetzt werden. In den Zwangspausen während des Wettkampfes müssen dem Tränkwasser Elektrolyte zugefügt werden (Natrium- und Kaliumchlorid).

Futtermittel und Fütterungspraxis

Beispielrationen für Reitpferde (600 kg Körpergewicht) auf der Grundlage des Erhaltungsbedarfs
Anforderung: Nur leichte Bewegung, ohne Belastung

Futtermittel	Beispiel-Rationen 1	2	3	4	5	6
	kg Futtermittel/Tag					
Wiesenheu	4,0	4,0	5,0	2,5	2,5	-
Futterstroh	2,0	2,5	2,0	1,5	1,5	2,0
Maissilage	-	-	-	10,0	-	-
Anwelksilage (Gras)	-	-	-	-	6,0	8,0
Hafer	2,0	-	-	-	0,5	-
Gerstenflocken	-	1,5	-	-	1,0	-
Melasseschnitzel	-	1,0	-	-	-	-
Mohrrüben	2,0	-	-	-	-	-
Ergänzungsfuttermittel zu Heu/Stroh	-	-	2,5	1,0	-	2,0
Ergänzungsfuttermittel für Sportpferde	0,5	-	-	-	-	-
Mineralfutter	0,1	0,1	-	0,05	0,1	0,03
MJ DE/Tag	73	75	76	74	76	71
g vRP/Tag	470	440	520	430	610	640

Anmerkung: Dargestellt sind verschiedene Möglichkeiten der Rationsgestaltung. Die Rationen sind jeweils grundsätzlich gleichwertig. Eine Auswahl richtet sich nach Jahreszeit, Verfügbarkeit der Futtermittel, dem Preisniveau und damit der Wirtschaftlichkeit. Gleiches gilt für die Beispielrationen auf den Seiten 73–75.

Spezielle Fütterungssituationen und Beispielrationen

Beispielrationen für Reitpferde (600 kg Körpergewicht)
Anforderung: Leichte Arbeit (z.B. 1 Stunde in der Reithalle)

Futtermittel	Beispiel-Rationen					
	1	2	3	4	5	6
	kg Futtermittel/Tag					
Wiesenheu	5,0	4,5	5,5	2,5	2,0	-
Futterstroh	1,5	2,0	1,5	1,5	1,5	2,0
Maissilage	-	-	-	12,0	-	-
Anwelksilage (Gras)	-	-	-	-	6,0	8,0
Hafer	2,5	1,0	-	-	1,5	1,0
Gerstenflocken	-	2,0	-	-	-	1,0
Maisflocken	-	-	-	-	-	1,0
Mohrrüben	2,5	-	-	-	-	-
Ergänzungsfuttermittel zu Heu/Stroh	-	-	3,0	1,5	-	-
Ergänzungsfuttermittel für Sportpferde	0,5	-	-	-	1,0	-
Mineralfutter	0,10	0,12	-	0,05	0,08	0,12
MJ DE/Tag	85	83	83	86	81	88
g vRP/Tag	570	525	585	510	670	690

Ein Salzleckstein sollte immer angeboten werden.

Futtermittel und Fütterungspraxis

Beispielrationen für Reitpferde (600 kg Körpergewicht)
Anforderung: Mittlere Arbeit

Futtermittel	Beispiel-Rationen 1	2	3	4
		kg Futtermittel/Tag		
Wiesenheu	5,5	-	-	6,0
Futterstroh	1,5	1,5	1,5	1,5
Maissilage	-	-	3	-
Anwelksilage (Gras)	-	8,5	7	-
Hafer	2,5	3,5	2,5	-
Gerstenflocken	-	1	-	-
Mohrrüben	-	-	-	-
Ergänzungsfuttermittel zu Heu/Stroh	-	-	-	4,2
Ergänzungsfuttermittel für Sportpferde	2	-	1,75	-
Mineralfutter	0,05	0,1	-	-
MJ DE/Tag	101	103	100	100
g vRP/Tag	715	860	815	725

Ein Salzleckstein sollte immer angeboten werden.

Spezielle Fütterungssituationen und Beispielrationen

Beispielrationen für Reitpferde (600 kg Körpergewicht)
Anforderung: Schwere Arbeit

Futtermittel	Beispiel-Rationen				
	1	2	3	4	5
	kg Futtermittel/Tag				
Wiesenheu	7,5	7	7	7	7,75
Futterstroh	-	-	-	-	-
Maissilage	-	-	-	-	-
Anwelksilage (Gras)	-	-	-	-	-
Hafer	6	5	3,5	2,25	-
Gerstenflocken	-	0,75	0,75	0,5	-
Maisflocken	-	0,5	0,5	0,25	-
Melasseschnitzel	-	-	-	-	-
Leinöl	0,1	0,075	-	0,075	-
Mohrrüben	-	-	-	-	-
Alleinkraftfutter	-	-	-	-	6
Ergänzungsfuttermittel für Sportpferde	-	-	1,5	3	-
Mineralfutter	0,15	0,15	0,075	-	-
MJ DE/Tag	126	127	126	126,5	126
g vRP/Tag	929	912	912	896	943

Ein Salzleckstein sollte immer angeboten werden.
Bei schwerer Arbeit und großem Flüssigkeitsverlust durch Schwitzen, müssen den Pferden zusätzlich Elektrolyte verabreicht werden.

Futtermittel und Fütterungspraxis

Fütterung von Pferden zur Vorbereitung auf Schauen und Körungen

Die Vorbereitungsfütterung von Pferden für Schauen, Körungen und Auktionen wird mit Recht häufig kritisch gesehen. Hier wäre weniger oft mehr. Natürlich will jeder Pferdehalter oder Züchter sein Pferd möglichst in gutem Pflege- und Futterzustand präsentieren. Käufer und Bewertungskommissionen lassen sich durch einen guten optischen Gesamteindruck sicherlich beeindrucken. Die allerdings häufig betriebene Mast hat neben negativen gesundheitlichen Auswirkungen auch Nachteile für die Beurteilung. Überfütterte Pferde lassen keine klaren Konturen der für die Beurteilung wichtigen Muskulatur und Körpermerkmale erkennen. Außerdem präsentieren sich zu üppig gefütterte Pferde meist verspannt und neigen zu ungewollten Temperamentsausbrüchen. Besonders bei Fohlen und Jungpferden wirkt sich zu geringe Bewegung bei gleichzeitig überhöhter Energieversorgung ungünstig auf den Bewegungsapparat und auf den Bewegungsablauf aus. Gönnen Sie auch den Hengstanwärtern genügend Bewegung und Weidegang. Bei guter Weidequalität und gezielter Ergänzungsfütterung ist nur eine kurze Vorbereitung im Stall erforderlich. Stundenweiser Weidegang sollte auch nach der Aufstallung noch möglich sein. Vier bis sechs Wochen vor dem angestrebten Vorstellungstermin darf die Ernährung ein wenig üppiger sein. Futtermischungen, die Leinschrot und Bierhefe enthalten, fördern einen positiven Gesamteindruck und wirken sich auch günstig auf den Fellzustand aus. Gutes Heu sollte die Grundfutterversorgung im Stall darstellen.

Fütterung des Kaltblutpferdes

Das Kaltblutpferd ist in Regionen mit üppigem Futterangebot, wie in den Marschregionen oder in küstennahen Regionen mit einem fast ganzjährigen Weideangebot, entstanden. Die Blütezeit der Zucht von Kaltblutpferden kam mit der Industrialisierung und mit der Intensivierung des Ackerbaus, als schwere und zugstarke Pferde in großer Zahl benötigt wurden. Dadurch gelangten Kaltblutpferde auch in Gebiete mit geringem Weideangebot und überwiegendem Ackerfutterbau.

Übliche Futtermittel für die Pferde waren außer Getreide, das zur Verbesserung der Verdaulichkeit zum Teil gekocht oder gedämpft wurde, Klee und Luzerneheu, aber auch typische Ackerfrüchte, wie Zuckerrüben, Futterrüben, Ackerbohnen, gelegentlich auch Kartoffeln und deren Nebenprodukte, wie Schlempe oder Zuckerrübenschnitzel.

Zugkräftig: Kaltblüter bei der Waldarbeit.

Spezielle Fütterungssituationen und Beispielrationen

Man hat sich in der Zucht von Kaltblutpferden aus wirtschaftlichen Gründen besonders um sehr leichtfuttrige Tiere bemüht. Gerade deswegen kommt es bei Kaltblutpferden offensichtlich besonders leicht zum sogenannten Kreuzverschlag (Verschlag oder Lumbago) nach kohlehydratreicher Fütterung und mangelnder Bewegung. Daher wurde diese Erkrankung auch als Feiertagskrankheit bezeichnet, die vor allem an Stehtagen auftrat, wenn das Angebot an Kraftfutter nicht entsprechend reduziert wurde. Aus diesem Grund sollten Sie Ihre Pferde mit viel Raufutter versorgen und die Kraftfuttermengen streng nach der Arbeitsbelastung zuteilen.

Zurzeit erlebt das Kaltblutpferd eine neue Blütezeit im Bereich der bodenschonenden Waldarbeit. Neben einer ausreichenden Versorgung mit Kraftfutter muss aber auch hier die Raufutterversorgung bedacht werden, da die Pferde häufig acht bis zehn Stunden unterwegs sind. Die Arbeitspausen sollten nach Möglichkeit so bemessen sein, dass zumindest auch Mengen von ein bis zwei Kilogramm Heu tagsüber verabreicht werden können. Dies kann die Kolikgefahr senken. Außerdem sollten Sie stark arbeitenden Kaltblütern etwas Pflanzenöl verabreichen und genügend Vitamin E und Selen in der Futterration berücksichtigen.

Ein häufig anzutreffendes Problem bei Kaltblutpferden mit starkem Fesselbehang ist Mauke, eine Erkrankung im Fesselbereich mit nässenden und juckenden Ekzemen. Eine Optimierung der Biotin-, Zink- und Methioninversorgung durch eine entsprechende Fütterung kann die Belastungsfähigkeit der Haut günstig beeinflussen.

Fütterung des Islandpferdes

Seit etwa tausend Jahren leben Pferde auf Island, die sich in Reinzucht erhalten konnten, weil weitere Pferdeeinfuhren verboten waren. Islandpferde wurden unter oft extremen Witterungseinflüssen des Nordatlantiks naturnah gehalten. Trotz ihrer Genügsamkeit ist aufgrund der kalten schneereichen Winter eine Beifütterung von Heu erforderlich. Besonders interessant ist die getreidearme Winterfütterung der Isländer wegen ihrer Ergänzung mit Heringsabfällen, Fischmehlen und Algen. Im Sommer bieten die mineralstoffreichen vulkanischen Böden Islands ein vielfältiges Pflanzenangebot mit hohem Kräuteranteil.

Die in Deutschland lange vertretene Meinung, dass Isländer besonders mineralstoffarm gehalten werden könnten, trifft also nicht zu. Auf der anderen Seite konnte jedoch bisher

Genügsam und robust: Islandpferde erhalten traditionell getreidearme Rationen.

Futtermittel und Fütterungspraxis

auch wissenschaftlich nicht bestätigt werden, dass sie einen besonders hohen Bedarf an Spurenelementen, wie Kupfer, Zink und Selen haben.

Unter den im Sommer in Mitteleuropa herrschenden sehr üppigen Vegetationsbedingungen kann es zu einem deutlichen Überangebot an Nährstoffen kommen. Ob aber die hohen Eiweißgehalte intensiv gedüngter Weiden Auslöser des bei Islandpferden häufig auftretenden Sommerekzems sind, ist jedoch eher unwahrscheinlich. Wenn auch vielleicht eine gewisse Erhöhung der Allergiebereitschaft durch üppige Fütterung denkbar ist. Hohe Mengen an Spurenelementzusätzen vermögen das Problem ebenfalls nicht zu lösen. Auslöser der Ekzeme sind Kriebelmücken, häufig in der Nähe von Gewässern im flachen Binnenland zu finden, weshalb die Erkrankung auf den Nordseeinseln und im Hochgebirge gar nicht auftritt.

Die Fütterung ist im Gesamtkomplex des Allergiegeschehens nur ein Faktor, der neben anderen wirkt. Erfolge in der Fütterung von Ekzempferden sind am ehesten bei Nachtweide, Aufstallung am Tag bei Heufütterung und bei Algenmehl enthaltendem Mineralfutter sowie durch die entzündungshemmende Wirkung des Leinöls mit seinen hochwertigen Omega-3-Fettsäuren zu erwarten. Mais erhöht nach meinen praktischen Erfahrungen das Risiko von Hauterkrankungen.

Fütterung des Reitponys

Das Reitpony entspricht aufgrund des hohen Anteils an englischen und arabischen Genen am ehesten einem Warmblüter im Miniaturformat. Oft hat es aber von seinen Pony-

Sportlich, aber genügsam: Die Kraftfuttergabe für Reitponys muss mehr noch als bei Reitpferden nach Beanspruchung und Leistungsbedarf ausgerichtet werden.

vorfahren eine ausgeprägte Genügsamkeit und Leichtfuttrigkeit geerbt, sodass es bei höheren Futtermengen sehr leicht zu einem gewissen Fettansatz oder aber zu höchst explosiven Temperamentsausbrüchen kommen kann. Daher muss beim Reitpony noch stärker als beim Reitpferd auf eine exakt an der Bewegung und am Leistungsbedarf ausgerichtete Kraftfuttergabe geachtet werden, wenn Reitponys wirklich noch als Kinderreitpferde gehalten werden sollen. Beobachten Sie also genau das Verhalten Ihres Ponys. Sobald Sie merken, dass die in den Tabellen auf den Seiten 80 und 81 aufgeführten Rationsempfehlungen für Ihr Reitpony zu üppig ausfallen, reduzieren Sie die Kraftfuttermenge und erhöhen den Anteil an Heu und Stroh.

Spezielle Fütterungssituationen und Beispielrationen

Fütterung des Haflingers

Der Haflinger ist in der Hochgebirgsregion Südtirols beheimatet. Im Sommer wurden die Haflinger auf Almen mit vielseitigen und mineralstoffreichen Pflanzen reichlich versorgt. Die Winterfütterung bestand früher in erster Linie aus Heu. Unter diesen Bedingungen hat sich eine außerordentliche Leichtfuttrigkeit entwickelt, die dazu führt, dass der Haflinger unter den sehr reichlichen Fütterungsbedingungen des Flachlandes leicht zur üppigen Kondition, sogar zur Verfettung neigt. Um diesem Problem zu entgehen, sollten Sie Ihren Haflinger eher etwas knapper halten. Die Betonung der Ration muss auf dem Raufutter liegen.

Bei sehr gehaltvollem Weideaufwuchs im Frühjahr sollten Sie die Pferde nur stundenweise weiden lassen und in der übrigen Zeit in einem Auslauf mit der Möglichkeit der Strohaufnahme halten. Ideal ist die Beweidung, nachdem erst Rinder die Fläche abgeweidet haben.

In der Übergangsfütterung können Sie auch beim Haflinger das Hufrehe-Risiko durch Strohbeifütterung senken. Bei der Bemessung der Futtermenge können Sie mit einer im Vergleich zum Großpferd um 10 bis 20 % besseren Futterverwertung rechnen, sodass die Kraftfuttermengen im Verhältnis deutlich niedriger ausfallen können. Berücksichtigen Sie dabei jedoch den Mineralstoffbedarf.

Bei geringen Kraftfuttermengen muss vor allem unter den calciumärmeren Weidebedingungen Norddeutschlands der Mineralstoffbedarf über Mineralfutter abgedeckt werden. Einen ausgesprochen hohen Bedarf an Energie und Eiweiß haben Haflingerstuten nach dem Abfohlen, da ihre Milchleistung sehr hoch ist.

TIPP!

Mein Pferd wirkt oft sehr müde. Ist diese Müdigkeit durch einen Fütterungsfehler verursacht? Bekommt mein Pferd zu wenig Kraftfutter?

Müdigkeit und eine gewisse Lustlosigkeit können natürlich auf falscher Pferdehaltung, auf mangelndem Training oder geringem Temperament beruhen. Sie können auch mit höheren Futtermengen aus einem trägen Charakter kein Rennpferd machen.

Stellen Sie aber bei einem sonst lebhaften Pferd plötzlich einen Leistungsabfall fest, kann dies auf Gesundheitsproblemen beruhen. Dies sollte ein Tierarzt abklären.

Fütterungsbedingte Mängel könnten natürlich auch zu geringe Heu- und Kraftfuttermengen sein. Füttern Sie energiereiche Kraftfutter mit aufgeschlossenem Getreide und setzen Sie der Ration etwas Leinöl zu.

Überprüfen Sie vor allem auch die Elektrolytversorgung. Besonders an heißen Tagen, wenn Pferde viel schwitzen, ist der Bedarf an Natrium nicht gedeckt.

Futtermittel und Fütterungspraxis

Beispielrationen für Ponys und Kleinpferde
(350 kg Körpergewicht)
Anforderung: Leichte Arbeit

Futtermittel	Beispiel-Rationen 1	2	3	4
	kg Futtermittel/Tag			
Wiesenheu	3,5	3,5	3,5	2
Futterstroh	1	1	1	1,5
Anwelksilage (Gras)	-	-	-	3
Hafer	1	-	1	1
Gerstenflocken	-	-	-	0,5
Melasseschnitzel	-	-	-	-
Mohrrüben	1	1	1	-
Ergänzungsfuttermittel zu Heu/Stroh	1	-	-	-
Ergänzungsfuttermittel für Sportpferde	-	2	1	-
Mineralfutter	0,1	-	-	0,1
MJ DE/Tag	57	55	56	56
g vRP/Tag	385	395	390	420

(mod. nach DLG 2002)
Ein Salzleckstein sollte immer angeboten werden.

Anmerkung: Dargestellt sind verschiedene Möglichkeiten der Rationsgestaltung. Die Rationen sind jeweils grundsätzlich gleichwertig. Eine Auswahl richtet sich nach Jahreszeit, Verfügbarkeit der Futtermittel, dem Preisniveau und damit der Wirtschaftlichkeit. Gleiches gilt für die Beispielrationen auf Seite 81.

Spezielle Fütterungssituationen und Beispielrationen

Beispielrationen für Ponys und Kleinpferde
(350 kg Körpergewicht)
Anforderung: Mittlere Arbeit

Futtermittel	Beispiel-Rationen			
	1	2	3	4
	kg Futtermittel/Tag			
Wiesenheu	4	4,5	4	2
Futterstroh	1	1	1	1
Anwelksilage (Gras)	-	-	-	4,5
Hafer	1,25	-	1,5	2
Gerstenflocken	-	-	-	-
Melasseschnitzel	-	-	-	-
Mohrrüben	1	1	1	-
Ergänzungsfuttermittel zu Heu/Stroh	1,25	-	-	-
Ergänzungsfuttermittel für Sportpferde	-	2,5	1	-
Mineralfutter	0,1	-	-	0,1
MJ DE/Tag	63	68	67	69
g vRP/Tag	450	490	455	540

(mod. nach DLG 2002)
Ein Salzleckstein sollte immer angeboten werden.

Futtermittel und Fütterungspraxis

Fütterung von Stuten, Fohlen und Aufzuchtpferden

Die Fütterung der güsten Stute

Bei jungen Stuten, die 3-jährig erstmals in die Zucht genommen werden, oder bei älteren Stuten, die noch kein Fohlen hatten, empfiehlt es sich in aller Regel, die üppige Frühjahrsweide abzuwarten.

Der Übergang von knapper Winterfuttersituation zu eiweißreichen und vitaminreichen Gräsern steuert bei wärmeren Temperaturen, verlängerter Tageslichtdauer mit entsprechender Sonneneinstrahlung das Fruchtbarkeitsgeschehen auch unter natürlichen Bedingungen. Die Fohlen sollen ja in der für sie günstigsten Jahreszeit – in unseren Breiten von Ende April bis Mitte Mai – fallen. Insofern entspricht die vor allem in der Vollblut- und Warmblutzucht übliche frühe Decksaison nicht den natürlichen Gegebenheiten. Will man dennoch, zum Beispiel aus Gründen eines günstigen Fohlenverkaufs, frühe Abfohltermine zwischen Dezember und März, so muss sich die Fütterung möglichst stark an den Nährstoffangeboten der Frühjahrsweide orientieren.

Eine nährstoffreiche Fütterungsphase mit höheren Gehalten an Eiweiß und Energie mit entsprechenden Aminosäuren sowie hohen Gehalten an ß-Carotin führt dann besonders zum Erfolg, wenn die Stuten vorher einige Wochen eher knapp gehalten werden und erst etwa sechs Wochen vor dem angestrebten Decktermin mit der Nährstoffanreicherung begonnen wird. Man ahmt damit gewissermaßen die unter natürlichen Bedingungen bestehende knappe Wintersaison mit anschließend üppig werdender Frühjahrsweide nach (Flushingmethode).

Eine Stute ist in guter Zuchtkondition, wenn sie ein gutes, glänzendes Haarkleid zeigt, möglichst den Haarwechsel überstanden hat und leicht zunimmt. Eine alte Züchterregel besagt: Eine Stute, die nicht zunimmt, nimmt auch nicht auf.

Anforderungen an Futtermittel für Zuchtpferde in der Übersicht

Decken des Nährstoffbedarfs für Erhaltung, Wachstum und Milchbildung

Eiweiß
Hohe biologische Wertigkeit (Lysin, Threonin)

Stärke
Hohe Verdaulichkeit

Fett
Erhöhung der Energiedichte (3–4 %)

Mineralstoffe
Kalzium, Phosphor, Magnesium, Natrium, zur Versorgung des Fohlens im Mutterleib

Spurenelemente
Zink (Zn), Kupfer (Cu), Selen (Se)

Vitamine
Vitamin E
B-Vitamine
ß-Carotin

3
Fütterung von Stuten, Fohlen und Aufzuchtpferden

Sehr bewährt haben sich Wirkstoffkonzentrate, die Luzernegrünmehl, Soja, Leinsamen und Bierhefe enthalten. Keineswegs sollte die Stute in üppiger Kondition also verfettet in die Zuchtsaison gehen. Eine Stimulation über zunehmende Nährstoffmengen ist dann nicht mehr möglich. Nehmen die Stuten trotz guter Rossesymptome nicht auf, sollen Sie die Ration im Hinblick auf eine ausbalancierte Mineralstoffversorgung überprüfen. Hohe Mengen an Maissilage scheinen nach meinen Erfahrungen die Fruchtbarkeit eher negativ zu beeinflussen. Kritisch sind auch Pflanzen mit östrogenähnlichen Wirkstoffen, wie zum Beispiel Weißklee.

Stuten mit Fohlen bei Fuß können schlecht mit der oben beschriebenen Flushingmethode auf die Bedeckung vorbereitet werden, da eine unter dem Optimum liegende Nährstoffversorgung zulasten des jungen Fohlens geht. Es gibt Stuten, die während der Zeit in der sie ein Fohlen führen, überhaupt nicht in die Rosse kommen. Man spricht hierbei dann von Laktations-Anöstrie. Setzt man das Fohlen mit fünf bis sechs Monaten ab, zeigen diese Stuten nach dem Rückgang der Milchbildung häufig eine sehr gut ausgeprägte Rosse.

Die Stute in der Hochträchtigkeit

Die Fütterung in den letzten drei Monaten der Trächtigkeit ist entscheidend für die spätere Entwicklung des Fohlens.

Bei einem späten Abfohltermin, etwa Anfang Mai, gestaltet sich die Fütterung der hoch tragenden Stute relativ problemlos, da über einige Stunden Weidegang der Bedarf an Eiweiß, aber auch Vitaminen, wie zum Beispiel Vitamin E und ß-Carotin als Vorstufe zu Vitamin A leicht aus dem Weidegras gedeckt werden kann.

Lediglich die Versorgung mit Mineralien und Spurenelementen muss über ein Ergänzungsfutter oder ein Mineralfutter gedeckt werden. Diese Situation des späten Abfohltermins entspricht den natürlichen Bedingungen in der freien Wildbahn. Sie ist in der Pony- und Kleinpferdezucht weit verbreitet und wäre auch für die Warmblut- und Vollblutzucht von Vorteil.

Das Bestreben jedoch, aus Verkaufsgründen frühe Fohlen möglichst schon ab Januar, Februar zu haben, führt zu schwierigen Bedingungen in der Fütterung der hoch tragenden und anschließend auch der Milch produzierenden Stute. Der Bedarf an Aminosäuren, an Vitaminen, Mineralien und Spurenelementen ist vom 9.–11. Trächtigkeitsmonat deutlich höher. Mangelsituationen in dieser Phase beeinträchtigen die Skelettentwicklung des ungeborenen Fohlens. Knochenschäden sind leicht vorprogrammiert.

Vor allem Mangelsituationen bei Calcium, Phosphor sowie den Spurenelementen Kupfer und Zink werden im Zusammenhang mit Störungen der Knochen, Sehnen, Bänder und Gelenkknorpel in Zusammenhang gebracht.

In den letzten Tagen vor der Geburt sollten Sie ausnahmsweise die Versorgung mit Raufutter etwas reduzieren. Auch sollten leicht verdauliche und appetitanregende Futterkomponenten, wie Äpfel und Möhren in Mengen von 1–2 kg am Tag den trägen Verdauungstrakt anregen und Verstopfungen vermeiden. Hohe Stroh- und Heumengen führen zu unnötigem Druck auf Magen und Zwerchfell. Sie nehmen zusätzlich zur Größe

Futtermittel und Fütterungspraxis

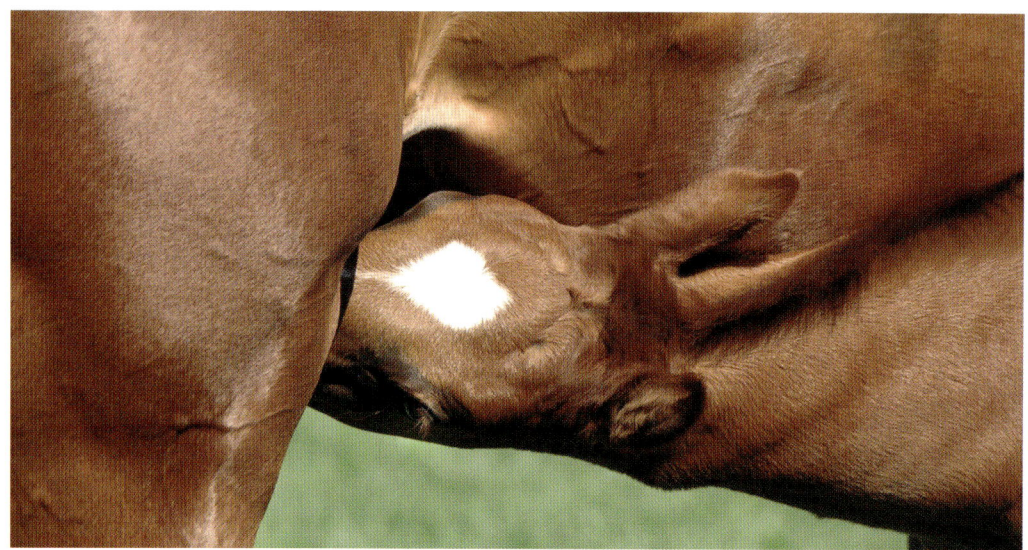

Hochleistung: Für die Milchbildung benötigt die Stute in den ersten drei Monaten so viel Energie wie ein Rennpferd.

des Fohlenembryos Raum ein und behindern die Funktion der inneren Organe, wie Herz, Lunge und Verdauungssystem. Selbstverständlich sollte die hoch tragende Stute bis zum letzten Tag vor dem Abfohlen ausreichend Bewegung haben. Gut bewegte Stuten, die mit allen lebensnotwendigen Nährstoffen versorgt sind, haben in der Regel vitalere, gesündere Fohlen.

Fütterung der säugenden Stute

Die Milchbildung ist eine ausgesprochen hohe Leistung. Die Stute benötigt hierfür in den ersten drei Monaten so viel Energie wie ein Rennpferd und dabei das Dreifache der Eiweißmenge, die ein Sportpferd benötigt. Dieser Vergleich macht die außerordentliche Stoffwechselleistung deutlich. Erhält die Stute nicht die erforderlichen Nährstoffe in ausreichender Menge über das Futter, müssen Körperreserven mobilisiert werden. Es kann zu Stoffwechselstörungen kommen, und die nächste Trächtigkeit ist in Gefahr, wenn es überhaupt zu einer fruchtbaren Rosse kommt. Sehr häufig resorbieren Stuten, die ein Fohlen bei Fuß haben, nach einer Bedeckung den neu angelegten Embryo vor allem aufgrund mangelnder Energieversorgung. Daher gilt: Die Energieversorgung der Stute durch energiereiche Kraftfutterzulagen sicherzustellen. Die Eiweißversorgung ist über Zuchtstuten-Ergänzungsfutter oder entsprechende Eiweißfuttermittel zu decken. Selbst bei Weidegang kann eine zusätzliche Gabe von Kraftfutter erforderlich sein, vor allem, wenn der Graswuchs noch gering ist oder bereits überständig ist. Noch wichtiger ist die Ergänzungsfütterung bei früh im Winter abfohlenden Stuten, wenn noch kein Weidegang möglich ist. Solche frühen Abfohltermine sind nur zu empfehlen, wenn Bewegungsmöglichkeiten für Stuten und Fohlen bestehen.

Fütterung von Stuten, Fohlen und Aufzuchtpferden

Beispielrationen für Mutterstuten im 2. Laktationsmonat
(Deutsches Warmblut; 600 kg Körpergewicht)

Beispiel-Rationen

Futtermittel	Winter 1	Winter 2	Winter 3	Winter 4	Sommer 5	Sommer 6
	kg Futtermittel/Tag					
Wiesenheu	6	7	-	-	2	1
Anwelksilage (Gras)	-	-	13	13	-	-
Weidegras	-	-	-	-	25	50
Hafer	7	-	-	7	6	2
Maisflocken	-	-	-	-	1	-
Sojaextraktionsschrot	1	-	-	-	-	-
Ergänzungsfuttermittel für Zuchtstuten	-	7,5	7	-	-	-
Mineralfutter	0,1	-	-	0,1	0,1	0,1
MJ DE/Tag	143	142	145	146	150	147
g vRP/Tag	1340	1325	1590	1310	1385	1690

Ein Salzleckstein sollte immer angeboten werden.
(mod. nach DLG 2002)

Anmerkung: Dargestellt sind vier verschiedene Möglichkeiten (1–4) der Rationsgestaltung für die Winterfütterung sowie zwei Beispiele (5–6) für die Fütterung im Sommer. Die Rationen sind jeweils grundsätzlich gleichwertig. Eine Auswahl richtet sich nach Jahreszeit, Verfügbarkeit der Futtermittel, dem Preisniveau und damit der Wirtschaftlichkeit.

3
Futtermittel und Fütterungspraxis

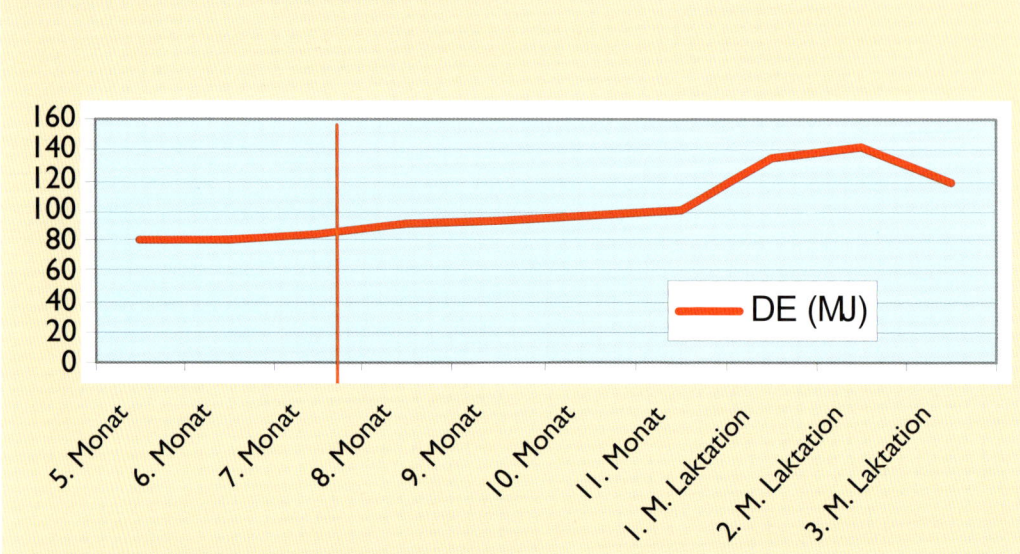

Energiebedarf der Zuchtstute in MJ DE
Der Energiebedarf ist in der Hochträchtigkeit bereits leicht erhöht, steigt zunächst nach dem Abfohlen um ein Drittel an und dann sogar noch weiter bis zum 3. Monat der Milchbildung.

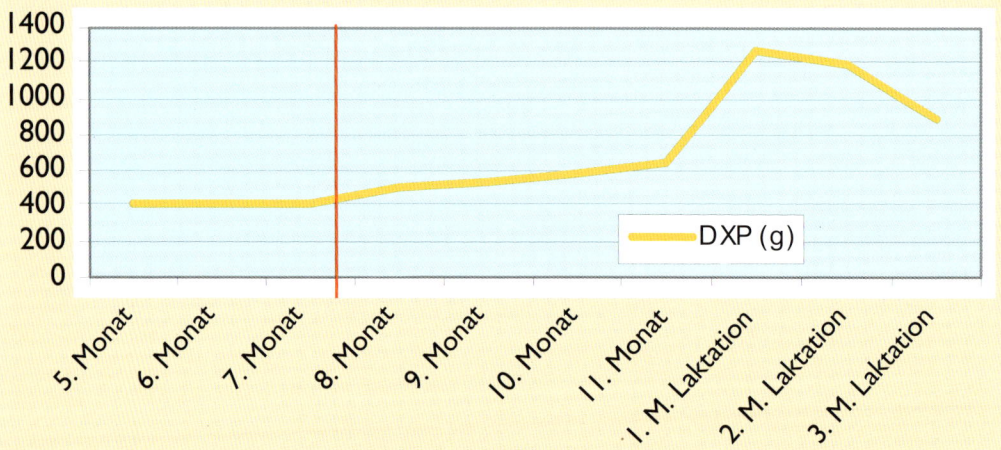

Proteinbedarf der Zuchtstute in g DXP = verdauliches Rohprotein
Auch der Eiweißbedarf ist in der Hochträchtigkeit bereits leicht erhöht. Nach dem Abfohlen steigt der Bedarf an Eiweiß auf mehr als das Doppelte an und sinkt dann wieder kontinuierlich.

Fütterung von Stuten, Fohlen und Aufzuchtpferden

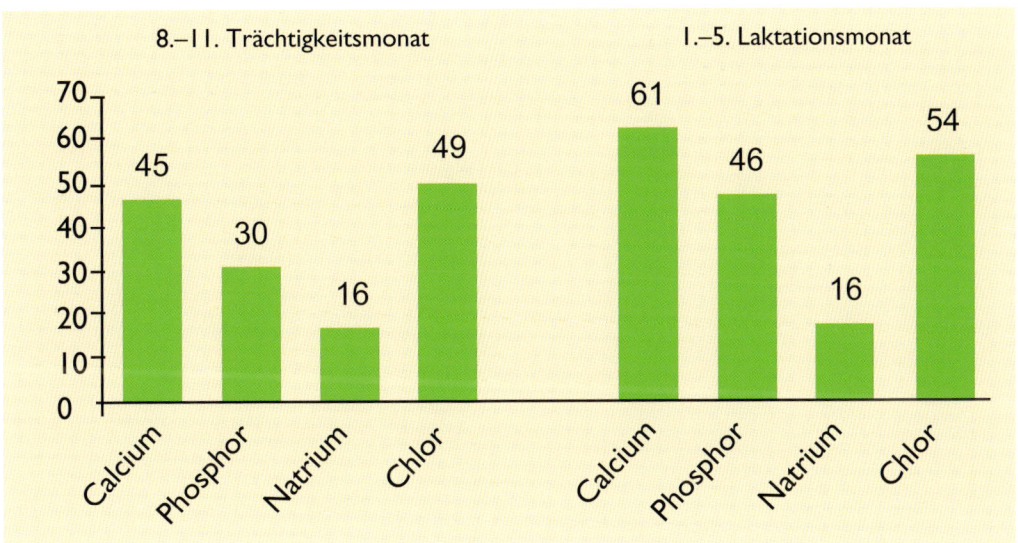

Der Mineralstoffbedarf von Zuchtstuten (600 kg) ist in der Hochträchtigkeit und nach dem Abfohlen besonders hoch wie die Grafik veranschaulicht.

TIPP!

Fohlen zufüttern

Ich gewöhne meine Fohlen bereits kurz nach der Geburt an fohlenmaulgerechtes, qualitativ hochwertiges Kraftfutter.

Tanja Manteufel, Züchterin von Holsteiner Pferden

Dadurch wird die Versorgung mit essenziellen Aminosäuren erleichtert und die Aufnahme der lebenswichtigen Mineralstoffe Calcium, Phosphor und Magnesium optimiert. Außerdem wird die Versorgung mit allen wichtigen Vitaminen sowie den für Knochen- und Gelenkentwicklung wichtigen Spurenelementen Kupfer und Zink gewährleistet. Das Calcium-Phosphor-Verhältnis der Gesamtration sollte etwa bei 1,5:1 liegen.

Futtermittel und Fütterungspraxis

Laktierende Stuten, 3. Laktationsmonat (550–650 KG)
Weidesituation: Junge Weide

Futtermittel	TM	Anteil kg
Weide jung, 20 % Trockenmasse	200	51.000
	Summe:	51.000

Nährstoffe	Einheit	Mindestbedarf	Gehalt
TM	g		10.200,00
DE-Pferd	MJ	142,00	142,09
Rohprotein	g		2.244,00
Verdauliches Rohprotein	g	1.185,00	1.360,00
Rohfaser	**g**	**2.272,00**	**2.040,00** !
Strukturierte Rohfaser	g		612,00
Calcium	g	61,00	58,14
Phosphor	g	46,00	37,74
Ca : P			1,54 : 1
Natrium	g	16,00	10,20
Magnesium	g	15,00	15,30
% Rohfaser/kg TM			20,00
% strukturierte Rohfaser/kg TM			6,00

Bei den Rationsbeispielen von Seite 88–90 sind die drei Situationen auf der Weide dargestellt. Bei der jungen Weide (S. 88) kann der Energiebedarf der Stute voll über die Weide gedeckt werden. Der Gehalt an Rohfaser ist jedoch zu gering (!).

Fütterung von Stuten, Fohlen und Aufzuchtpferden

Laktierende Stuten, 3. Laktationsmonat (550–650 KG)
Weidesituation: Junge Weide + Beifütterung von Stroh

Futtermittel	TM	Anteil kg
Weide jung, 20 % Trockenmasse	200	49.000
Stroh	860	1.000
	Summe:	50.000

Nährstoffe	Einheit	Mindestbedarf	Gehalt
TM	g		10.660,00
DE-Pferd	MJ	142,00	141,26
Rohprotein	g		2.189,00
Verdauliches Rohprotein	g	1.185,00	1.307,00
Rohfaser	**g**	**2.272,00**	**2.340,00** ✔
Calcium	g	61,00	59,26
Phosphor	g	46,00	36,96
Ca : P			1,60 : 1
Natrium	g	16,00	11,80
Magnesium	g	15,00	15,70
% Rohfaser/kg TM			21,95
% strukturierte Rohfaser/kg TM			9,08

Beim 2. Beispiel wird schon allein durch die Beifütterung von 1 kg Stroh die Fütterungssituation deutlich verbessert. Der Bedarf an Rohfaser wird gedeckt und damit auch das Hufrehe-Risiko gesenkt (✔).

Futtermittel und Fütterungspraxis

Laktierende Stuten, 3. Laktationsmonat (550–650 KG)
Weidesituation: Ältere Weide

Futtermittel	TM	Anteil kg
Weide älter, 25 % TM	250	57.000
	Summe:	57.000

Nährstoffe	Einheit	Mindestbedarf	Gehalt
TM	g		14.250,00
DE-Pferd	MJ	142,00	135,38 ❗
Rohprotein	g		2.423,00
Verd. RP	g	1.185,00	1.354,00
Rohfaser	g	2.272,00	3.705,00
Calcium	g	61,00	81,22
Phosphor	g	46,00	52,73
Ca : P			1,54 : 1
Natrium	g	16,00	14,25
Magnesium	g	15,00	21,38
% Rohfaser je kg Trockenmasse			26,00
% strukturierte Rohfaser je kg Trockenmasse			10,40

Beim 3. Beispiel wird eine Weide mit älterem Gras unterstellt. Durch den niedrigen Energiegehalt des Grases entsteht hier bereits eine Energielücke (❗). Die Zufütterung von 0,8 kg Kraftfutter ist in diesem Fall dringend anzuraten.

Fütterung von Stuten, Fohlen und Aufzuchtpferden

Fohlenaufzucht und Fohlenfütterung

Eine gut versorgte Stute wird eher ein gesundes Fohlen mit hohem Geburtsgewicht zur Welt bringen. Spätestens ein bis zwei Stunden nach der Geburt wird das Fohlen aufstehen und saugen. Die Versorgung des Fohlens mit der Muttermilch (Kolostralmilch) ist absolut notwendig. Die erste Milch ist innerhalb der ersten 24 bis 36 Stunden mit hohen Mengen an wertvollen Schutzstoffen, den Immunglobulinen, ausgestattet. Hiermit wird das Fohlen äußerst wirkungsvoll gegen Krankheitserreger geschützt. Leidet die Stute unter Milchmangel oder geht sie ein, sollte versucht werden, Kolostralmilch von anderen Stuten zu gewinnen. In größeren Betrieben oder Gestüten empfiehlt es sich, von vornherein Kolostralmilchreserven einzufrieren, die bei Bedarf aufgetaut werden können.

Äußerst wichtig für die Entwicklung einer gesunden Darmflora des jungen Fohlens ist die Aufnahme von Kot der Mutterstute. Die frisch abgesetzten, warmen Pferdeäpfel enthalten übrigens noch keine ansteckungsfähigen Wurmlarven, sodass die Gefahr der Verwurmung hierbei nicht gegeben ist. Neben den von den Bakterien im Dickdarm gebildeten B-Vitaminen enthalten die Kotballen wertvolles bakteriell gebildetes Eiweiß. Machen Sie sich also keine Sorgen, wenn Fohlen frischen Kot aufnehmen. Dieses Verhalten ist völlig normal. Nach wenigen Tagen wird das Fohlen bereits kleine Mengen an festem Futter fressen. Dies ist für die Ausbildung des Verdauungstraktes sehr wichtig.

Nach zwei Monaten reicht die Milchleistung der Stute meist nicht mehr für die Ansprüche von Warmblut-, Kaltblut- und Vollblutfohlen aus. Eine gezielte Beifütterung mit speziellem Fohlenaufzuchtfutter ist notwendig. Hierbei ist besonders auf die Versorgung des Fohlens mit hochwertigen Aminosäuren (vor allem Lysin, Threonin und Tryptophan) zu achten. Besonders wichtig ist auch, dass das Calcium-Phosphor-Verhältnis in dieser Phase bis zum Absetzen deutlich enger zu gestalten ist, als dies in älteren Empfehlungen zu lesen war. Neuere Untersuchungen belegen, dass auch Phosphor bei Saugfohlen häufig im Mangel ist. Das Verhältnis Calcium : Phosphor sollte daher etwa nur 1,3 : 1 betragen.

Kein Grund zur Sorge: Die Aufnahme von frischen Kotballen gehört zum normalen Verhalten junger Fohlen.

Futtermittel und Fütterungspraxis

Eine Überversorgung mit Calcium sollte unbedingt vermieden werden. Wichtig ist die Versorgung mit Kupfer, Zink und Selen. Die in letzter Zeit häufig diskutierten Chips, wissenschaftlich unter dem Begriff Osteochondrose erfasst, können neben genetischen Ursachen und Bewegungsmangel auch auf Imbalancen im Mineralstoff- und Spurenelementbereich beruhen.

Zu beachten ist jedoch, dass auch die beste Mineralstoffausstattung des Fohlenfutters nichts nützt, wenn die Fohlen keine Bewegung haben. Erst durch Bewegung werden Spongiosa-Bälkchen, die Mineralkristalle entsprechend den Zug- und Druckbelastungen in den Knochen eingebaut. Daher sollte die tägliche Bewegung des Fohlens vom ersten Tag an für Sie als Züchter eine Selbstverständlichkeit sein.

Macht stark: Bewegung ist für die Fohlen von Beginn an zur Unterstützung von Gesundheit und Wohlbefinden wichtig.

Die Beifütterung des Fohlens

Die Beifütterung des Fohlens sollte so früh wie möglich aus einem getrennten Fohlentrog erfolgen. Vor allem für Fohlen mit einem hohen Vollblutanteil reicht die Milch schon ab dem 3. Lebensmonat nicht mehr aus.

Eine Beifütterung mit Spezialergänzern, Prestartern oder speziellen Mineralfuttern für Saugfohlen ist zur Vermeidung von Nährstoff-Imbalancen unbedingt empfehlenswert. Die Gefahr der Osteochondrose (Chips) ist in den ersten Lebenswochen bei unterversorgten Fohlen mit Bewegungsmangel besonders hoch. Hier bewahrheitet sich die alte Züchterregel: Gut füttern und gut bewegen!

Risikofaktoren für Osteochondrose
- Genetische Disposition
- Mangel an Bewegung
- Überversorgung mit Energie (Kohlenhydrate) z. B. aus Getreide
- Mangel an Kupfer und Zink

Mutterlose Aufzucht

Leider kommt es häufiger vor, dass eine Stute nach der Geburt des Fohlens eingeht. Wichtig ist, dass das Fohlen noch Kolostralmilch erhält. Eventuell kann man versuchen, auf eine Ammenstute zurückzugreifen. Bei größeren Beständen empfiehlt es sich, Kolostralmilch von gesunden Stuten einzufrieren und bei Bedarf aufzutauen. Kuhmilch ist wenig geeignet. Im Notfall muss sie mit Wasser verdünnt und mit Milchzucker angereichert werden. Sicherer ist die Verwendung industriell hergestellter Milchaustauscher, die auf die Bedürfnisse des Fohlens abgestimmt sind. Sehr wichtig ist, dass die Fohlen in den ersten Ta-

Fütterung von Stuten, Fohlen und Aufzuchtpferden

> ### TIPP!
>
> #### Milchaustauscher bei mutterloser Aufzucht
> Bei der mutterlosen Aufzucht durch einen Milchaustauscher erleiden die Fohlen keinen Nachteil. In den ersten Tagen geben wir dem Fohlen mindestens alle zwei Stunden Milchaustauscher, da Fohlen unter normalen Bedingungen bis zu 70-mal täglich bei der Mutterstute saugen.
> In den darauffolgenden Wochen wird die Häufigkeit verringert und die Menge gesteigert. Die Fohlen werden zudem frühzeitig an pelletiertes Fohlenfutter gewöhnt, um einen fließenden Übergang während des Absetzen zu sichern. Außerdem sollte das Fohlen zeitig in eine Herde integriert werden, damit es seine sozialen Fähigkeiten entwickeln kann.

Alexander Kretschmer, Züchter und Hengsthalter

gen und Wochen sehr häufig – am besten alle zwei Stunden – mit kleinen Mengen getränkt werden. Als Sauger sind Lämmersauger besonders geeignet. Berücksichtigen Sie, dass unter natürlichen Bedingungen das Fohlen bis zu siebzigmal in 24 Stunden saugt, und dass es keinen Sinn macht, einem Fohlen zu große Mengen pro Mahlzeit aufzuzwingen. Zu große Mengen pro Mahlzeit führen zu Verdauungsstörungen. Die frühzeitige Beifütterung von Fohlenstartern erleichtert die Versorgung.

Das Absatzfohlen

Wichtig ist ein möglichst stressfreies Absetzen des Fohlens. Es gibt grundsätzlich zwei verschiedene Möglichkeiten. Entweder nehmen Sie das Fohlen zunächst über mehrere Stunden aus der Box (dabei bleibt das Fohlen in Sicht- und Hörweite), um es dann wieder jeweils mehrere Stunden oder in der Nacht zur Stute zu bringen. Oder Sie trennen Mutterstute und Fohlen sofort endgültig. In größeren Gruppen von Stuten mit Fohlen funktioniert dies besonders stressfrei, wenn Sie die Stuten einzeln über mehrere Tage oder Wochen aus der Herde entfernen und die Fohlen in der gewohnten Umgebung belassen. Bei der endgültigen Trennung ist es wichtig, dass sich Stute und Fohlen möglichst einige Tage nicht sehen und hören.

Setzen Sie das Fohlen nicht vor dem 6. Lebensmonat ab, bei früh geborenen Fohlen können Sie diese getrost bis zum Ende der Weidezeit bei der Mutterstute lassen. Für die Fohlen hat dies den Vorteil, dass sie noch lange in den Genuss von hochwertigen Aminosäuren aus der Stutenmilch kommen. Für die Stute stellt die lange Zeit keine besondere Belastung dar, weil die tägliche Milchproduktion bereits ab dem 3. Monat deutlich sinkt. Ein Resorptionsrisiko besteht also nur in den ersten Trächtigkeitsmonaten.

Wichtig ist aber, dass Sie das Absetzen erst dann vornehmen, wenn das Fohlen gut entwickelt ist und ausreichende Mengen an Beifutter aufnimmt. In dieser Phase sind Futtermittel mit höheren Eiweißgehalten, zum Beispiel 15 % Rohprotein bei mindestens 0,7 % Lysin (Fohlenstarter), durchaus sinnvoll. Gegen Ende des 1. Lebensjahres sollten Sie die Eiweißgehalte in der Ration allmählich absenken. Dies können Sie dadurch, dass Sie den Fohlenstarter langsam mit eiweißärmeren Komponenten, zum Beispiel Quetschhafer, mischen.

Besonders negativ ist für das Absatzfohlen eine Unterversorgung mit Eiweiß bei gleichzeitiger Energieüberversorgung. Dies führt zu einer unnötigen Verfettung der Fohlen mit einer Überbelastung des wachsenden Skeletts, der Sehnen und Bänder. Auch eine ungleichmäßige Futterversorgung, in der auf zeitweilige Mangelsituationen plötzlich Phasen einer übertriebenen Nährstoffversorgung folgen, führt aufgrund kompensatorischen Wachstums zu unregelmäßigen Wachstumsschüben. Diese sind für die gesunde harmonische Entwicklung des Fohlens äußerst kritisch zu sehen. Der Bedarf an essenziellen Aminosäuren sollte in allen Wachstumsphasen sicher abgedeckt sein, während die Energieversorgung vor allem in Phasen mit knappen Bewegungsmöglichkeiten deutlich gedrosselt werden sollte.

Der Jährling

Bei Abfohlterminen zwischen Januar und April werden die meisten Fohlen das Jährlingsalter normalerweise in der Stallperiode erleben. Daher sollten Sie den Absetzern

> **Futterration für Jährlinge**
> (Endgewicht 600 kg)
>
> **Stallperiode**
> **Alter**: 13 Monate
> **Körpergewicht**: ca. 380 kg
>
> - 8 kg Heu
> - 1,0–2,0 kg Ergänzungsfutter für Fohlen (in Abhängigkeit von der Heuqualität)
> - 1,0–2,0 kg Möhren
>
> **Weideperiode**
> **Alter**: 15 Monate
> **Körpergewicht**: ca. 400 kg
>
> - 35 kg Weidegras bei Tag und Nachtweide
> - 150 g Mineralfutter

und Jährlingen so viel Bewegung wie möglich verschaffen. Je weniger Bewegung die Jährlinge haben, desto geringer müssen Sie die Kraftfuttermengen ansetzen. Die Raufuttermengen können in dieser Phase deutlich erhöht werden, da der Verdauungstrakt nun auch im Blinddarm- bzw. Dickdarmbereich voll entwickelt ist. Gutes Heu oder qualitätsvolle Grassilage sollten zur freien Aufnahme angeboten werden. Besondere Aufmerksamkeit sollten Sie auf den vorsichtigen Übergang zur Weideperiode richten. Durch reichliche Heugaben vor dem Weideaustrieb und stundenweises Weiden lässt sich die Gefahr von Hufrehe-Erkrankungen verringern. Sollen die Jährlinge dann nach ein bis zwei Wochen tagsüber und nachts draußen bleiben, können Sie den Rohfasermangel im jungen Weidegras

Fütterung von Stuten, Fohlen und Aufzuchtpferden

durch tägliche Gaben von gutem Futterstroh ausgleichen. Es ist nicht nötig, dass Warmblut-Jährlinge in einem üppigen Futterzustand sind. Wichtiger ist ein ausreichendes Angebot von Mineralstoffen, die über Leckschalen gegeben, die Mängel des jeweiligen Weidestandorts ausgleichen.

In der Zucht von Trabrennpferden und Vollblütern ist eine wesentlich höhere Fütterungsintensität mit energiereichen und eiweißreichen Futtermitteln üblich, weil diese schon als Jährlinge in das Renntraining genommen werden. Je niedriger der Vollblutanteil und je robuster und ursprünglicher die Pferderassen sind, desto geringer kann die Aufzuchtintensität sein. Bei allen auf der Weide gehaltenen Jährlingen sollten Sie regelmäßig Wurmkuren durchführen.

In trockenen Wetterperioden werden Sie vor allem bei knappen Weideflächen die Jährlinge beifüttern müssen. Spätestens im Herbst, wenn das Weidegras in Menge und Qualität nachlässt, muss wieder mit der Zufütterung begonnen werden. Solange die Grasnarbe nicht geschädigt wird, können die Jährlinge zumindest noch stundenweise auf der Weide gehalten werden. Bei längeren Regenperioden im Herbst lassen Sie die Jungpferde besser bei reichlichen Raufuttergaben in befestigten Ausläufen.

Grundbedürfnisse: Frische Luft, Bewegung und Kontakt zu Artgenossen, möglichst verschiedener Altersgruppen, stärken Gesundheit und Psyche und fördern die Sozialisierung.

Futtermittel und Fütterungspraxis

Fütterungsstrategie für Warmblutfohlen
Situation: früher Abfohltermin

	ab 4. Woche	ab 8. Woche	3. + 4. Monat	5. Monat	6. Monat ab dem Absetzen	bis Ende 1. Jahr
Mineralstoffpaste	20 ml alle 2 Tage		20–40 ml/Tag			
Mineralfutter für Fohlen		60 g/Tag	60 g/Tag	80 g/Tag		
Fohlenstarter	anfüttern		0,5 kg/Tag	1 kg/Tag	2 kg/Tag	3,5 kg/Tag

ODER

	ab 4. Woche	ab 8. Woche	3. + 4. Monat	5. Monat	6. Monat ab dem Absetzen	bis Ende 1. Jahr
Fohlenmüsli	anfüttern		0,4 kg/Tag	1 kg/Tag	1,5 kg/Tag	3 kg/Tag

Zusätzlich gutes Heu anbieten!

Fütterung von Stuten, Fohlen und Aufzuchtpferden

Fütterungsstrategie für Warmblutfohlen
Situation: gute Milchleistung der Stute
und optimaler Weideaufwuchs

	ab 4. Woche	ab 8. Woche	3. + 4. Monat	5. Monat	6. Monat ab dem Absetzen	bis Ende 1. Jahr
Mineralstoff-paste	20 ml alle 2 Tage		20–40 ml/Tag			
Mineralfutter für Fohlen		60 g/Tag	60 g/Tag	100 g/Tag		
Fohlenstarter	anfüttern			0,25 kg/Tag	0,5 kg/Tag 1,5 kg/Tag	3 kg/Tag

UND

Hafer oder Gerstenflocken	anfüttern			0,25 kg/Tag	0,5 kg/Tag 0,5 kg/Tag	1 kg/Tag

Bei nachlassender Weidequalität im Herbst zusätzlich gutes Heu anbieten!

Futtermittel und Fütterungspraxis

Die Fütterung der Zweijährigen

Das 2. Lebensjahr sollten die jungen Pferde auf der Weide verbringen. Auch hier sind natürlich die Gefahren in der Übergangsfütterung von der Stall- zur Weidephase zu berücksichtigen. Ab Ende April bis in den Mai sollten Sie täglich Stroh auf die Weide bringen, um den Rohfasermangel auszugleichen. Im Sommer kann bei Trockenheit und knapper Weidefläche eine Energieergänzung über Kraftfutter oder spezielle Ergänzungsleckschalen, die Öl und Melasse enthalten, sinnvoll sein. In der anschließenden Winterfütterung berücksichtigen Sie, dass das Wachstum sich verlangsamt, das heißt, höhere Eiweißgaben sind nicht mehr notwendig. Der Energiebedarf steigt aufgrund des höheren Erhaltungsbedarfs gegenüber dem Jährling geringfügig an.

> **Futterration für Zweijährige**
> (Endgewicht 600 kg)
>
> **Winterfütterung**
> **Alter**: 30 Monate
> **Körpergewicht**: ca. 530 kg
>
> - 6 kg Heu
> - 1,0 kg Stroh
> - 3,0 kg Ergänzungsfutter
>
> oder
>
> - 10,0 kg Grassilage
> - 2,0 kg Stroh
> - 2,0 kg Hafer
> - 1,0 kg Ergänzungsfutter
> - 50 g Mineralfutter
>
> Je nach Betrieb und Verfügbarkeit.

Junge Pferde sollten viel Zeit mit Artgenossen auf der Weide verbringen können.

Fütterung von Stuten, Fohlen und Aufzuchtpferden

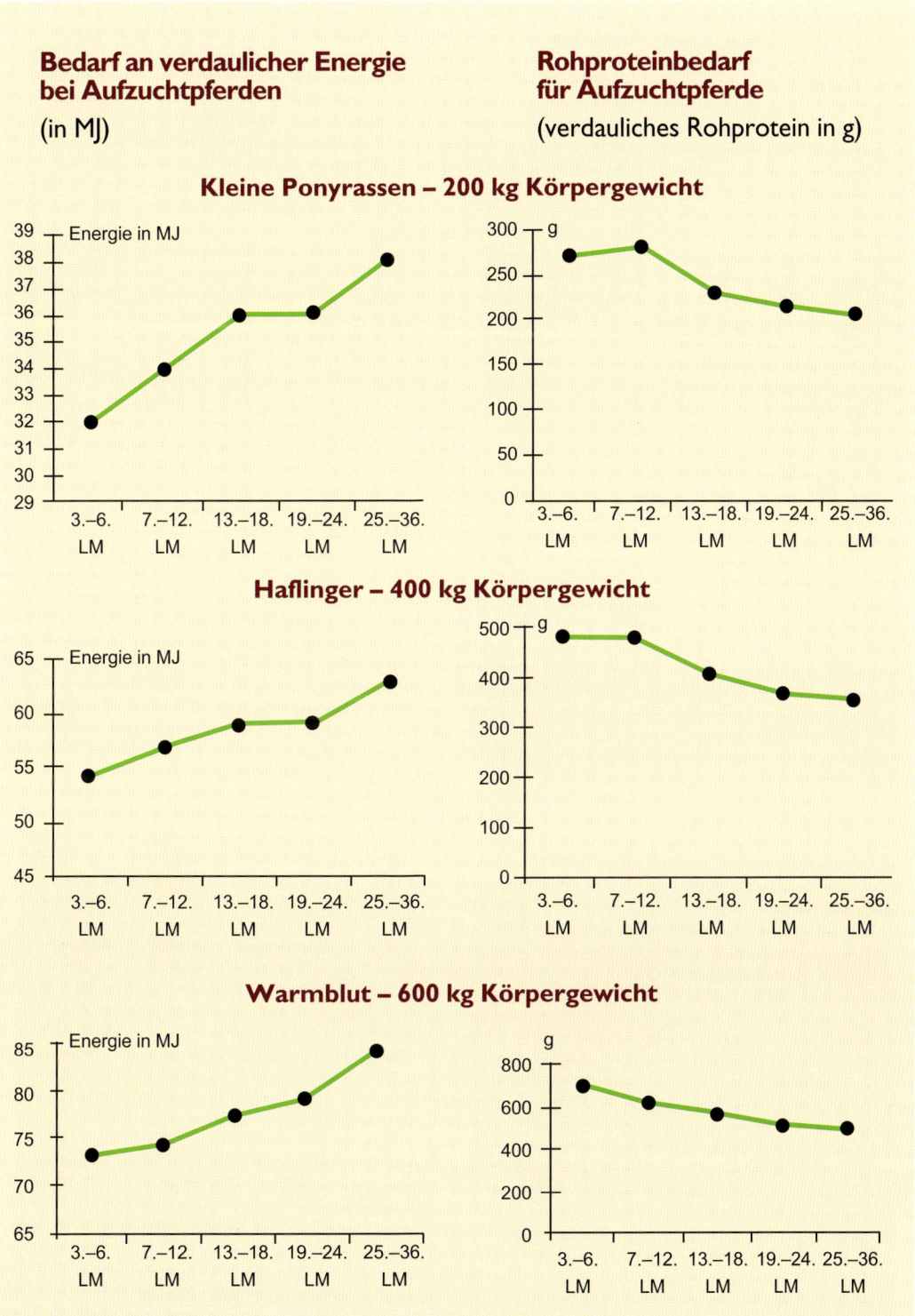

Futtermittel und Fütterungspraxis

Spezielle Fälle und alltägliche Probleme

Hilfe! Mein Pferd ist zu dick!

Eine der erheiterndsten Fragen an den Ernährungsberater ist die, die da lautet: »Mein Pferd ist zu dick, was soll ich füttern?« Ich gebe zu, dass es für Futtermittelhersteller sehr verlockend wäre, aus Marketinggründen ein Diätfutter zum Abnehmen herzustellen. Die Frage müsste also eher lauten: Was soll ich nicht füttern? Zunächst überprüfen Sie, ob Sie ihr Pferd mehr bewegen können. Selbst wenn Sie nass geschwitzt vom Pferd steigen, muss ihr Pferd noch nicht wirklich gearbeitet haben. Verschaffen Sie Ihrem Pferd zusätzliche Bewegung im Paddock oder kürzen sie die Futterration rigoros um alle Energieträger, wie Mais, Gerste oder Hafer. Verwenden Sie nur geringe Mengen an Ergänzungsfutter mit geringem Energiegehalt und setzen Sie kein Öl ein.

Wenn Sie eine sehr gehaltvolle Grassilage oder sehr gutes Heu haben, müssen Sie dies bei der Rationsgestaltung beachten und entsprechend weniger davon einsetzen. Sie müssen Ihrem Pferd aber die Chance geben, seinen Strukturbedarf an Ballaststoffen über gesundes Futterstroh zu decken.

Zur Vermeidung von Verstopfungskoliken im Winterhalbjahr, verabreichen Sie 3–4 Mal die Woche Mash aus Leinsamen, Getreideschrot und Rübenschnitzeln, allerdings mit viel Wasser, d.h. die doppelte Menge an Wasser im Vergleich zu einer Normalration. Die Gefahr von Verstopfungen kann auch durch Äpfel und Möhren verringert werden.

Bei Weidegang im Sommerhalbjahr darf das zu dicke Pferd nur stundenweise auf die üppige Weide. Also zum Beispiel zwei bis drei Stunden Weide, dann einige Stunden in den Stall oder in den Auslauf, mit der Möglichkeit zur Strohaufnahme.

Die wichtigste Aufgabe besteht darin, das Futterangebot dem wirklichen Leistungsbedarf anzupassen. Vor allem bei leichtfuttrigen Robustrassen müssen Sie daran denken, dass diese nicht in üppigen mitteleuropäischen Regionen entstanden sind. Für diese Rassen sind gemischte Beweidungen mit Rindern von Vorteil. Flächen, die von Rindern bereits abgeweidet sind, sind für diese Pferde besonders geeignet. Abgesehen davon, dass eine Mischbeweidung die Grasnarbe schont und die Gefahr des Parasitenbefalls verringert.

Übergewichtige Pferde dürfen nicht radikal auf Diät gesetzt werden, sondern müssen allmählich Gewicht verlieren.

Spezielle Fälle und alltägliche Probleme

Das untergewichtige Pferd

Zunächst stellt sich einmal die Frage: Wann ist ein Pferd wirklich zu mager? Oft ist dies nur eine Frage des persönlichen Schönheitsideals. Hinweise auf Untergewicht sind beispielsweise die Sichtbarkeit der Rippen und der Hüfthöcker. Bei gut trainierten Rennpferden, sowohl bei Trabern oder Vollblütern, sowie bei Vielseitigkeitspferden muss dies aber noch nicht bedeuten, dass Sie deswegen nicht leistungsfähig sind. Im Gegenteil, Pferde, die bei gut entwickelter Muskulatur kein unnötiges Fett mit sich herumschleppen, belasten Herz und Kreislauf weniger, neigen auch weniger zu Knochen- und Gelenkschäden und werden in der Regel älter als übergewichtige Pferde. Voraussetzung ist dafür natürlich, dass Sie regelmäßig mit allen notwendigen Nährstoffen versorgt werden und der Stoffwechsel nicht gezwungen wird, auch noch letzte körpereigene Reserven zu mobilisieren.

Hat ein Pferd zu stark abgenommen, muss zunächst die Ration überprüft werden. Stimmt die Energie- und Eiweißversorgung überhaupt? Bekommt das Pferd genügend Raufutter? Häufig wird bei mageren Pferden der Fehler gemacht, bei sowieso schon zu knapper Raufutterversorgung nur die Kraftfuttergaben zu erhöhen. Dies führt dann nur noch umso mehr zu Appetitlosigkeit, Übersäuerung des Dickdarms mit Gefahr von Koliken oder Hufrehe. Nimmt das Pferd die nötigen Raufuttermengen nicht auf, müssen vor allem die Zähne überprüft werden. Haken beeinträchtigen das Kauen und Einspeicheln und verletzen zuweilen zusätzlich Zahnfleisch und Zunge.

Nimmt ein Pferd trotz guter Fresslust und ausreichenden Futtermengen nicht zu, muss überprüft werden, ob das Pferd nicht stark verwurmt ist, oder ob andere organische Schäden, wie zum Beispiel Leberprobleme vorliegen. Sind gesundheitliche Probleme der genannten Art auszuschließen, empfiehlt sich eine vorsichtige Umstellung der Fütterung. Neben maximal möglichen Raufuttermengen, das heißt möglichst gutes Heu oder erstklassige Silage, müssen zeitweise auch sehr energie- und eiweißreiche Futtermittel eingesetzt werden. Besonders in Zeiten des Aufbautrainings wird der Bedarf an hochwertigem Eiweiß mit entsprechenden lebensnotwendigen Aminosäuren unterschätzt. Der Energiegehalt der Ration sollte durch aufgeschlossene Stärketräger, wie hydrothermisch behandelte Gersten- und Maisflocken, sowie durch Pflanzenöl angehoben werden. Zur Verhütung von Verdauungsstörungen teilen Sie das Kraftfutter möglichst auf vier bis fünf Mahlzeiten auf.

Das mäklige Pferd

Es gibt Pferde, die trotz knappen Futterzustandes nicht gut fressen. Hier ist zunächst abzuklären, ob das Pferd unter einer Gesundheitsstörung leidet oder ob die Zähne nicht in Ordnung sind. Pferde, die erst hastig fressen, nach wenigen Minuten aber mit dem Fressen aufhören, haben eventuell Magengeschwüre. Steht Ihr Pferd auf Sägespänen und erhält es zu wenig Heu oder Silage, leidet es vielleicht unter einer Acidose. Sollte Ihr Pferd kerngesund sein, aber trotzdem nicht gut fressen, sollten Sie versuchen, alle Stressfaktoren auszuschließen. Verteilen Sie das Futter

3 Futtermittel und Fütterungspraxis

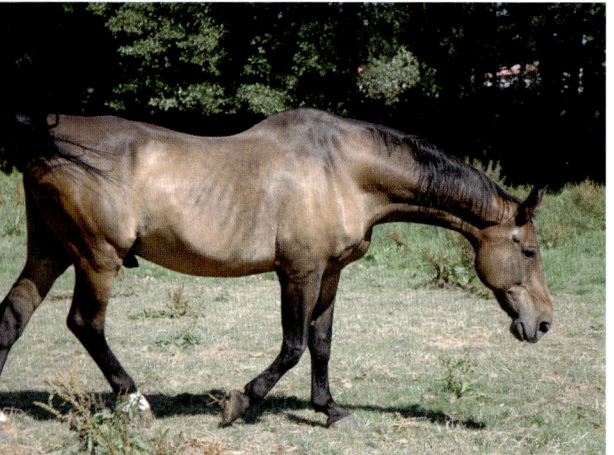

Alte Pferde befinden sich in einem katabolen, d.h. abbauenden Stoffwechsel und verlieren dadurch an Körpermasse.

auf möglichst viele kleine Mahlzeiten. Pferde sind ausgesprochen geruchsempfindlich. Futtermittel, die mit anderen geruchsintensiven Stoffen oder unter ungünstigen Bedingungen gelagert wurden, werden leicht verschmäht. Eventuell kann hier das Einmischen von Apfelsaft oder Malzbier in die Kraftfutterration helfen. Auch Möhren und Äpfel werden gut aufgenommen.

Es gibt Pferde, die Pellets bevorzugen, andere fressen lieber Hafer. Gerste und Mais im unbehandelten Zustand werden nicht so gerne akzeptiert, dagegen meist besser in Form von aufgeschlossenen Gersten- oder Maisflocken. Sorgen Sie dafür, dass Krippen und Tränken immer sauber sind. Auch frisches Krippenfutter wird leicht abgelehnt, wenn es auf die Reste der letzten Mahlzeit gegeben wird.

Mischen Sie nicht zu viele Futterkomponenten zusammen, auch die schmackhaften Anteile werden verschmäht, wenn weniger schmackhafte oder geruchsintensive Futtermittel eingemischt sind.

Grundsätze der Fütterung alter Pferde mit Zahn-, Verdauungs- oder Stoffwechselstörungen

Das Problem der Fütterung alter Pferde wird zurzeit in der Praxis etwas überstrapaziert. Grundsätzlich gelten beim gesunden alten Pferd die gleichen Grundregeln wie bei der Fütterung junger Pferde. Viele Pferdehalter wissen oft nicht, wie fit und leistungsbereit Pferde im Alter von über 20 Jahren noch sein können, wenn sie nur nach normalen und vernünftigen Grundsätzen gehalten, bewegt und gefüttert werden. Ich könnte Ihnen aus eigener Anschauung Beispiele zahlreicher alter Dressurpferde nennen. Ein 24-jähriger Lipizzaner-Hengst zum Beispiel vermochte auch geübte Reiter noch aus Übermut in »Wohnungsnot« zu bringen. Ein ehemaliger Kaprioleur der Spanischen Hofreitschule in Wien war mit 25 Jahren noch überaus eifrig und begeistert im Deckgeschäft. Springpferde mit 18 Jahren absolvieren noch schwere Prüfungen. Ich selbst habe drei Pferde betreut, die weit über 30 Jahre alt wurden, darunter ein Shetlandpony, das ein Alter von 44 Jahren erreichte. Sie sehen also, das Thema altes Pferd relativiert sich sehr auf eine individuelle Betrachtung. Es gibt natürlich auch Pferde, die durch ungünstige Haltungs- und Fütterungsbedingungen bereits mit 15 Jahren unter Zahnschäden oder Stoffwechselstörungen leiden. Daher kann es auch nicht

Grundsätze der Fütterung alter Pferde

die Fütterungsmethode für alte Pferde geben, sondern es muss sehr genau – nach der jeweiligen Problemstellung – eine auf das Pferd abgestimmte Normalration oder Diät zusammengestellt werden. Am häufigsten treten als altersbedingte Problemfälle Zahnschäden und Mängel in der Verdauungsleistung auf.

Futtermittelauswahl
Grundfutter
(= Raufutter oder Grobfutter)

Da mit einer verminderten Rohfaserverdaulichkeit zu rechnen ist, sollten Sie hochverdauliche Heuqualitäten einsetzen, das heißt nicht zu spät geschnitten und überständig, sondern zu Beginn der Blüte geerntet. Qualitativ hochwertige Grassilagen sind ebenfalls geeignet. Es gibt allerdings immer einige Pferde, die Silage schlecht vertragen. Tritt Durchfall auf, sollten Sie die Silage absetzen.

Kraftfutter

Hier ist ebenfalls auf hohe Verdaulichkeit zu achten. Verwenden Sie aufgeschlossenes Getreide. Wenn Sie Mais oder Gerste verfüttern wollen, dann möglichst hydrothermisch behandelt oder micronisiert, um eine hohe Stärkeverdaulichkeit sicherzustellen.

Unbehandelte Gersten- oder ganze Maiskörner sind für alte Pferde wenig geeignet. Interessant zur energetischen Aufwertung sind Pflanzenöle. Leinöl ist wertvoll durch seinen hohen Gehalt an Omega-3-Fettsäuren, die entzündungshemmend wirken. Weizenkeimöl enthält viel Vitamin E. Da die Rohfaserverdaulichkeit beim alten Pferd geringer ist, sind Mischfutter mit Trockenschnitzeln (200 g je 100 kg Körpermasse) oder Sojaschalen (50 g je 100 kg Körpermasse) durchaus empfehlenswert. Sie weisen eine hohe Rohfaserverdaulichkeit auf und stimulieren die Dickdarmflora. Im Hinblick auf die Eiweißversorgung ist eine Verringerung der Eiweißmenge in der Ration bei gleichzeitiger Erhöhung der Eiweißqualität zu empfehlen. Interessant sind hierfür Leinschrot und sojahaltige Mischfutter, zum Beispiel Mischfutter für Zuchtstuten.

Futterration für alte Pferde (600 kg KG)

Winterfütterung
- 6,0 kg Heu
- 0,6 kg Hafer
- 1,2 kg Mais (hydrothermisch behandelt)
- 0,5 kg Wirkstoffkonzentrat (mit Bierhefe und Leinschrot)
- 2,0 kg Möhren

Bei Pferden mit Zahnproblemen
- 3,5 kg Grünmehlpellets (eingeweicht) oder extrudiertes Ergänzungsfutter mit hohem Grünmehlanteil
- 2,0 kg Haferflocken
- 0,4 kg Pflanzenöl
- 0,3 kg Leinschrot
- 50 g Mineralfutter

Im Sommer sollten alte Pferde möglichst viel Weidegang haben. Dabei auf ausreichendes Wasserangebot achten!

Futtermittel und Fütterungspraxis

Fütterung alter Pferde mit Untergewicht

Energiegehalt erhöhen, füttern Sie vier- bis fünfmal am Tag aufgeschlossenes Getreide, Eiweißqualität verbessern (Wirkstoffkonzentrate aus Mais, Bierhefe, Leinsamen), Pflanzenöl. Auf ausreichende Raufuttergabe achten, hochwertiges Heu (Schnitt Beginn der Blüte), Extrudate und Pellets.

Plan für Gewichtszunahme bei untergewichtigen alten Pferden (Tagesration)

- 6,0 kg Heu
- 1,0 kg Ergänzungsfutter für Zuchtpferde
- 1,0 kg Maisflocken
- 1,0 kg Gerstenflocken
- 500 g Wirkstoffkonzentrat (mit Bierhefe und Leinsamen)
- 0,3 kg Pflanzenöl (Leinöl)

Fütterung alter Pferde mit Übergewicht

Bewegung verbessern, Energiekonzentration verringern, mehr Heu, weniger Kraftfutter bzw. Kraftfutter mit geringem Energiegehalt (maximal 10 MJ pro kg). Ein plötzliches Abspecken sollte vermieden werden, da sonst leicht Stoffwechselstörungen (z.B. Hyperlipidämie usw.) auftreten können.

Diät zur Gewichtsreduzierung (Tagesration)

- 5,0 kg Heu
- 1,0 kg Futterstroh
- 1,0 kg extrudiertes oder pelletiertes Ergänzungsfutter (ca. 18 % Rohfaser, maximal 10 MJ Energie)
- 3,0 kg Möhren oder saubere Futterrüben
- 50 g Mineralfutter
- Aufstallung auf Sägespäne

Zusammenstellung einzelner Futtermittel für ältere Pferde

Grundsätzlich können Sie Mischfutter aus Grünmehl, aufgeschlossenem Getreide, Leinschrot und Bierhefe verabreichen. Zielwert bei der Fütterung sind 14 % Rohprotein in der Gesamtration für Pferde, deren Muskulaturausprägung nachlässt.

Futterhygiene

Grundsätzlich gilt das Gleiche wie für alle Pferde: Befall mit Pilzen, Hefen, Bakterien und Milben durch gute Lagerung vermeiden bzw. durch zusätzliche Reinigung den Keimgehalt reduzieren.

Aufbereitung des Futters

Stärkereiche Komponenten wie Mais und Gerste sollten Sie möglichst nur hydrothermisch behandelt einsetzen. Pelletierte und extrudierte Futtermittel sind besonders vorteilhaft. Diese können bei Pferden mit Zahnproblemen auch eingeweicht verabreicht werden. Hafer kann für alte Pferde mit Zahnproblemen gequetscht werden, man kann auch Haferflocken gut verwenden.

Grundsätze der Fütterung alter Pferde

Mineralstoffbedarf

Denken Sie daran, den Calciumbedarf zu decken, jedoch Überversorgung zu vermeiden, um der Gefahr einer Harnsteinbildung vorzubeugen. Auch für die übrigen Mineralstoffe gilt: Bedarf decken, Überversorgung vermeiden. Nur bei bekannten Mängeln, z.B. Hufproblemen, sollten Sie die Spurenelementversorgung erhöhen (hier z.B. Zink).

Vitaminbedarf

Bei jungen, gesunden Pferden wird Vitamin C ausreichend vom Organismus selbst produziert. Bei älteren Pferden wird eine Ergänzung empfohlen. Vitamin A und E sollten höher angesetzt werden. 100 IE Vitamin A pro kg Körpergewicht, d.h. für ein 600 kg Pferd 60.000 IE Vitamin A pro Tag. Unter Belastung kann, vor allem im Winter, die Gabe verdoppelt werden. 1.200 mg Vitamin E pro Tag. B-Vitamine B1, B2 und Biotin berücksichtigen. Bewährt hat sich nach meiner persönlichen Einschätzung eine kurweise Erhöhung von Vitaminen, Mineralstoffen und Spurenelementen über vier bis sechs Wochen jeweils im Herbst nach dem Weideabtrieb und im Frühjahr vor dem Weideaustrieb.

Flüssigkeitsbedarf

Der Flüssigkeitsbedarf unterscheidet sich grundsätzlich nicht von dem Bedarf junger Pferde. Das Anfeuchten von Rationskomponenten kann zur Vermeidung von Schlundverstopfungen und Erleichterung der Magen-Darm-Passage sinnvoll sein. Dies gilt vor allem bei Pferden mit Zahnproblemen. Auch Kräuterzusätze können sinnvoll sein. Ob dies die Wasseraufnahme verbessert, ist fraglich.

Eine Zahn- und Gebisskontrolle sollte in regelmäßigen Abständen erfolgen.

Fütterung von Pferden mit Zahnproblemen

Zahnprobleme sind bei alten Pferden häufig die Ursache für Untergewicht und Verdauungsprobleme. Grundsätzlich empfehlen sich Futtermittel mit hohem Strukturgehalt, die jedoch gut in Wasser aufgeweicht werden können. Ideal sind Extrudate und pelletierte Mischfutter mit hohem Rohfasergehalt oder pelletierte Grünmehle.

Beispiel einer Tagesration

- 2,0 kg Grassilage oder
  1,0 kg eingeweichtes Heu
  (früher Schnitt)

- 3,0 kg Grünmehlpellets

- 2,0 kg Mash in Wasser 1:1
  angerührt
  - Leinschrot 5 %,
  - Mais aufgeschlossen 60 %,
  - Weizenkleie 30 %,
  - Trockenschnitzel 5 %)

- 1,0 kg extrudiertes Ergänzungsfutter

Futtermittel und Fütterungspraxis

Fütterung auf der Weide

Nur selten wird man den Idealfall finden, dass die Weide als alleinige Futtergrundlage ausreicht. Selbst unter günstigsten Bedingungen wie idealer Bodenbeschaffenheit, bester Düngungsintensität und genügenden Niederschlagsmengen wird das Futterangebot allenfalls in den Monaten Mai und Juni für die Bedürfnisse des schwer arbeitenden Pferdes, der Milch produzierenden Mutterstute oder für das intensiv wachsende Fohlen ausreichen. Hinzu kommt, dass die als Laufflächen besonders geeigneten trockenen Sandböden besonders arm an Mineralstoffen und Spurenelementen sind. Diese liefern in der Sommertrockenheit nur wenig Futter. Nur wenige Regionen Deutschlands waren von Natur aus besonders für die Zucht und Aufzucht von Pferden geeignet. So wurden z. B. bis zum 2. Weltkrieg viele Fohlen aus den sandigen Geestregionen Norddeutschlands in die fruchtbaren Moränengebiete Mecklenburgs verkauft, wo wesentlich nährstoffreichere Böden eine gute Aufzucht von Pferden ermöglichten.

Heute versuchen wir als begeisterte Hobbyzüchter, in allen Regionen Pferde aufzuziehen, in den sandigen Gebieten genauso wie in ehemaligen Moormarschen oder auf nährstoffarmen Mittelgebirgsböden. Über die Probleme des jeweiligen Standortes müssen Sie sich als

Die Nahrungsaufnahme auf der Weide ist die natürlichste Ernährung. Damit die Weide die Grundbedürfnisse des Pferdes decken kann, ist ein gutes Weidemanagement notwendig.

Fütterung auf der Weide

Züchter, der nicht mit der Landwirtschaft vertraut ist, gründlich informieren.

Über geeignete Düngungs-, Pflege- und Fütterungsmaßnahmen können Sie zumindest einen Teil der natürlichen Nachteile ihrer Heimatregion ausgleichen. Die Beratungsstellen der Landwirtschaftsämter und Landwirtschaftskammern helfen Ihnen.

Für die Zucht und Aufzucht von Pferden müssen genügend trittfeste Flächen mit qualitätvollem Weideaufwuchs zur Verfügung stehen. Zu beachten ist, dass bei hohem Grundwasserstand und hohen Niederschlagsmengen die Grasnabe durch Biss und Tritt stark geschädigt wird.

Gute Gestüte rechnen 1,5–2,0 Hektar pro Vollblut- oder Warmblutstute mit Fohlen. Neben dem Futterangebot müssen die Weiden genügend Bewegungsanreiz auf galoppierfähigen Flächen liefern. Ideal ist die Mischbeweidung bzw. Wechselbeweidung mit Rindern, da dies eine vielseitige Pflanzenzusammensetzung fördert und das Risiko von Wurmerkrankungen reduziert.

Die auf guten Weiden aufgenommenen Futtermengen können beträchtlich sein. Selbst Jährlinge fressen schon 30–40 kg Weidegras pro Tag, zweijährige und ältere Pferde sogar 40–60 kg, sofern sie Tag und Nacht draußen bleiben. Je Stunde Weidezeit können Sie mit 3–4 kg Weidegras rechnen, die ein Pferd unter günstigen Bedingungen im Mai und Juni aufnimmt. Um die Nährstoffgehalte richtig in die Rationen einzuberechnen, muss man wissen, dass sich die Gehalte im Weidegras kontinuierlich verändern. So reduziert sich zum Beispiel der Eiweißgehalt innerhalb von sechs Wochen von 22 % pro kg Trockenmasse auf 10 %, dementsprechend steigt der Rohfasergehalt an.

Das Futter wird also härter und ballaststoffreicher. Vor allem auf Sandböden nimmt der Graswuchs bei geringer Regenmenge sehr schnell ab. Eine Zufütterung wird dann auch auf der Weide erforderlich, oder die Pferde müssen täglich im Stall zugefüttert werden. Besonders bei Zuchtstuten und Fohlen hat sich eine gezielte Beifütterung auf der Weide als nützlich erwiesen.

Für die Fohlen, die einen erhöhten Bedarf an Aminosäuren, Mineralstoffen und Spurenelementen haben, wird an einem für die Stuten nicht erreichbaren abgegrenzten Bereich am besten an runden Futtertischen, die das Fohlen über einen Fohlenschlupf erreicht, das entsprechende Beifutter gegeben.

Für Jährlinge und Zweijährige sollten auf armen Standorten Weideleckschalen mit Mineralien und Spurenelementen angeboten werden.

Der Übergang von der Winter- zur Weidefütterung

Der Übergang von der Stallfütterung zur Frühjahrsweide ist eine der gefährlichsten Phasen in der Pferdefütterung überhaupt. Hierbei kommt es häufig zu den schwersten Fütterungsfehlern.

Das komplizierte Blinddarm-Dickdarm-System mit seiner Bakterienflora verträgt keine plötzliche Futterumstellung und ist auf einen hohen Gehalt an strukturierter Rohfaser angewiesen. Ein Mangel an Rohfaser führt zu Fehlgärungen im Dickdarm, die im Extremfall zum Absterben der Dickdarmflora mit den typischen Hufrehe-Symptomen führen. Die-

Futtermittel und Fütterungspraxis

se Erscheinungen, die früher mit zu hohen Eiweißmengen erklärt wurden, sind aber vor allem auf den Mangel an strukturierter Rohfaser im Weidegras in Verbindung mit den hohen Gehalten an Kohlenhydraten und vor allem auf die hohen Mengen an Fruktanen zurückzuführen. Die hohen Eiweißmengen werden auch bei Wildpferden in freier Natur problemlos vertragen und sind für Zuchtstuten und Fohlen ausgesprochen vorteilhaft.

Durch langsames Anweiden der Pferde, an den ersten Tagen nur eine halbe bis eine Stunde, können die Pferde langsam auf das frische Weidegras umgestellt werden. Zusätzlich sollten Sie unmittelbar vor dem Weideantrieb reichlich Raufutter in Form von Heu und Stroh verabreichen. Wenn die Pferde dann länger auf der Koppel bleiben sollen, kann man durch Strohfütterung auf der Weide den geringen Rohfasergehalt des jungen Weidegrases ausgleichen. So können Sie Verdauungsstörungen wie Koliken und Durchfall vermeiden.

Beobachten Sie sorgfältig die Form des Kotes. Wird der Mist zu dünn und ist die Apfelstruktur nicht mehr erkennbar, ist höchste Vorsicht angebracht. Die Weidezeit muss dann wieder verkürzt werden, oder es muss noch mehr Stroh auf der Weide angeboten werden. Nach ca. zwei bis drei Wochen werden die Probleme geringer, da die Rohfasergehalte im Weidegras allmählich ansteigen. Beachten Sie auch, dass bei der schnelleren Darmpassage des Grünfutters im Vergleich zu Heu-/Strohrationen ein zeitweiliger Mineralstoffmangel auftreten kann. Dies betrifft besonders die Magnesiumversorgung, die bei schnellem Übergang zu Weidefütterung eingeschränkt sein kann.

Fruktangehalte in Gräsern

hoch

- Welsches Weidelgras
- Deutsches Weidelgras
- Wiesenlieschgras
- Wiesenrispe
- Wiesenschwingel
- Knaulgras
- Wiesenfuchsschwanz
- Rotschwingel

niedrig

Wie gehen Sie am besten mit den Problemen von hohen Fruktangehalten im Weidegras um?

Die Fruktangehalte sind in den Stängeln der jungen Gräser besonders reichlich vorhanden. Insofern ist dieses Problem im Frühjahr bei gleichzeitigem Rohfasermangel der jungen Weidepflanzen besonders kritisch. Hinzu kommt, dass die Fruktangehalte bei niedrigen Temperaturen besonders hoch sind. Steigen die Temperaturen über 10° C, bestehen bessere Stoffwechselbedingungen für die Pflan-

Fütterung auf der Weide

ze und die Fruktanreserven werden für das Wachstum der Pflanzen ausgenutzt. Bei älteren blattreichen Pflanzen gehen die Gehalte deutlich zurück. In kalten Nächten können die Gehalte aber wieder ansteigen. Das Gleiche gilt für Trockenperioden, in denen nur eine geringe Stoffwechselaktivität stattfinden kann. Anders als erwartet, führen höhere Stickstoffgaben aufgrund besserer Wachstumsbedingungen schnell zu einem Absinken der Fruktanwerte. Außerdem bestehen deutliche Unterschiede in den Gehalten der einzelnen Gräser.

Auch die Umstellung auf Heu und Stroh muss allmählich erfolgen.

Übergangsfütterung von der Weide- zur Stallfütterung

Wenn im Herbst die Menge und Qualität des Weidegrases nachlässt, wird es Zeit, die Pferde auf die Winterfütterung vorzubereiten. Bei einem frühen Kälteeinbruch mit Nachtfrösten fällt der Weideaufwuchs rasch zusammen. Die Pferde können dann sehr schnell energetisch unterversorgt sein, wenn Sie nicht gezielt beifüttern. Gerade bei Pferden, die den Sommer über auf sehr üppigen Weiden waren und in sehr guter Kondition mit großen Fettreserven ausgestattet sind, ist es sehr gefährlich, wenn es zu einem plötzlichen Körperfettabbau kommt. Es kann im Extremfall sogar zu einer Blutverfettung kommen, die zum Tode führt. Diese Erkrankung, die auch als Hyperlipidämie bezeichnet wird, trifft besonders leicht die robusten und leichtfuttrigen Pony- und Kleinpferderassen. Um solche Komplikationen zu vermeiden, sollten Sie die Pferde mit Kraftfutter und Heu (oder Silage) entsprechend dem Rückgang des Weideaufwuchses zufüttern. Höhere Vitamin E- und Selengaben wirken sich positiv auf den Fettstoffwechsel aus. Auch im Herbst sollte eine plötzliche Futterumstellung vermieden werden. Die Umstellung zur Phase der Stallfütterung ist fast ebenso problematisch wie die Umstellung im Frühjahr vom Stall zur Weide.

Es ist von Vorteil, wenn Sie die Umstellung allmählich vornehmen und den Pferden zumindest tagsüber noch einige Stunden hofnahen Weidegang bieten, solange die Bodenbeschaffenheit und der Grasaufwuchs dies zulassen. Steigern Sie die Kraftfuttermengen erst vorsichtig über mehrere Tage. Aber auch die Umstellung auf Heu und Stroh bedarf einer gewissen Vorsicht. Zu hohe Strohaufnahmen führen in dieser Zeit häufig zu Koliken. Der Auslauf sollte sich mehr und mehr auf Trampelkoppeln und Sandausläufe erstrecken, um die Grasnabe der großen Weideflächen zu schonen. Die Beifütterung von Mash und Rüben oder Möhren als Saftfutter erleichtert zusätzlich den Übergang.

Futtermittel und Fütterungspraxis

Die Anforderungen der Pferde auf der Weide an Nährstoffe

Die Anforderungen der Pferde an die Nährstoffversorgung auf der Weide sind unterschiedlich.

Für Sport- und Freizeitpferde sind die aus dem Weidegras stammenden Eiweißmengen zu hoch, sodass vor allem im Frühjahr keine unbegrenzte Beweidung infrage kommt.

Ein hohes Eiweißangebot passt jedoch für Stuten, Fohlen und Jährlinge. Für Sportpferde, aber auch für Zuchtstuten, die Milch geben müssen, ist das Energieangebot häufig nicht ausreichend. Auch die Versorgung mit Mineralien und Spurenelementen ist meist problematisch. Selbst auf besten Böden gibt es häufig Defizite bei Kupfer, Zink und Selen, vor allem bei anhaltender Trockenheit oder bei hohen pH-Werten aufgrund von hohen Kalkgaben.

Beim wachsenden Pferd ist der Bedarf an Spurenelementen hoch, das Angebot jedoch gering, das heißt es muss zugefüttert werden (z. B. Mineralleckschale).

Jens Lyke, Pferdewirtschaftsmeister und Produktberater

TIPP!

Was muss ich bei Weidegang zufüttern?

Zu Beginn der Weidesaison, bei üppigem Aufwuchs, sollte den Pferden auf jeden Fall Futterstroh angeboten werden. Dadurch kann einem Rohfasermangel vorgebeugt und die Darmflora geschützt werden.

Bei ganztägigem Weidegang in der Zeit von Mai bis Juli kommt es bei ausreichender Weidefläche und gutem Aufwuchs hinsichtlich der Energie- und Eiweißversorgung eher selten zu Versorgungsengpässen. Jedoch sollte, insbesondere auf leichten Standorten (sandigen Böden) an eine ausreichende Mineralversorgung (z. B. Mineralleckschalen) gedacht werden.

Lediglich bei laktierenden Zuchtstuten, mit ihrem extrem hohen Energie- und Eiweißbedarf, ist häufig eine Zufütterung zu empfehlen. Bewährt haben sich hier insbesondere mineralisierte und vitaminierte Leckschalen auf Basis von Ölen und Melasse. Sie sorgen nicht nur für eine optimale Mineral- und Vitaminversorgung, sondern auch für die nötige Energie. Ein Substanzverlust kann so bei den Stuten vermieden werden und die Fohlen werden so qualitativ wie auch quantitativ ausreichend mit Milch versorgt.

Die gleiche Art der Zufütterung hat sich auch bei nachlassender Weideleistung bestens bewährt.

Fütterung auf der Weide

Bedarf an Mengenelementen
Gehalte im Weidegras

Mengenelemente	Calcium	Kalium	Phosphor	Magnesium	Natrium
Erhaltungsbedarf/Tag	25 g	27 g	17 g	11 g	11 g
Mehrbedarf bei mittlerer Arbeit	2 g	38 g	2 g	2 g	30 g
Gesamtbedarf	27 g	65 g	19 g	13 g	41 g
Aufnahme über 30 kg Weidegras	(6,6 g/kg T) 36 g	(25 g/kg T) 136 g	(4,2 g/kg T) 23 g	(1,9 g/kg T) 10 g	(1,1 g/kg T) 6 g

(nach Müller, Schade und Schade 2001)

Bedarf an Spurenelementen
Gehalte im Weidegras (MG/KG T)

Spurenelemente	Rationsempfehlung	Gehalte
Kuper	8–10	4–20
Zink	50–70	25–50
Mangan	40–80	30–200
Kobalt	0,05–0,1	0,1–0,2
Selen	0,1–0,2	0,01–0,07

(nach Müller, Schade und Schade 2001)

Kapitel 4

Management von Wiesen und Weiden

Was zeichnet eine gute Weide aus?	114
Düngung und Pflege des Gründlandes	116
Allgemeines	116
Geilstellen	116
Chemische Pflegemaßnahmen	116
Düngung	117
Nachsaat	118
Neuansaat	118
Neuansaat zur Umwandlung von Acker in Grünland	119
Futterkonservierung	120
Silagegewinnung	120
Heugewinnung	121
Kraut oder Unkraut?	122
Weideeinrichtungen	125

4 Management von Wiesen und Weiden

Was zeichnet eine gute Weide aus?

Eine alte Züchterregel lautet: Die Weide macht das Pferd. Ohne gut gepflegte Wiesen und Weiden ist keine erfolgreiche Pferdezucht möglich. Auch für Reitpferde ist zumindest zeitweise Weidehaltung von Vorteil. Den alten Reitvölkern war die Grasnarbe heilig. Bei den Mongolen ging diese Verehrung so weit, dass sie eine mutwillige Verletzung der Grasnarbe durch Menschen mit dem Tod bestraften. Etwas mehr Wertschätzung für die Grasnarbe sollten auch Sie vielleicht aufbringen.

Die Weide macht das Pferd!

Unter Weide versteht man eine zur planmäßigen Beweidung vorgesehene Grünlandfläche, deren Grasnarbe von zahlreichen verschiedenen Pflanzenarten gebildet wird, wobei Gräser, kleeartige Pflanzen (Leguminosen) und Kräuter die wichtigen Bestandsbildner darstellen. In Abhängigkeit von der Bodenart, dem Klima, dem Grundwasserstand sowie der Nutzung und Pflege, entsteht eine für die jeweilige Region typische Pflanzengesellschaft. Aus dem zuvor Gesagten ergibt sich, dass die von unserem Pferd bei nassem Wetter umgepflügte Matschkoppel nicht mehr als Weide bezeichnet werden kann. Für die Beurteilung einer Weidefläche kann man bestimmte Zeigerpflanzen heranziehen. Sind bestimmte Pflanzen besonders stark vertreten, kann man daraus Standortmängel erkennen und mit entsprechender Pflege und geeigneten Düngungsmaßnahmen gegensteuern.

Folgende Pflanzen zeigen beispielsweise Nährstoffmangel an: Schafschwingel, weiches Honiggras, Borstgras, Thymian, Enzianarten, Steinbrech, Ginster, Aderfarn, rauer Löwenzahn und Silberdistel. Folgende Pflanzen zeigen zum Beispiel eine basische Bodenreaktion (d.h. gute Kalkversorgung) an: Pastinak, Esparsette, Sichelluzerne, Wiesensalbei und Gelbklee, während Schafschwingel, Borstgras, Wollgras, Heidekraut, kleiner Sauerampfer, Ginster und Arnika auf eine saure (also kalkarme!) Bodenreaktion hinweisen.

Auf trockenen Standorten findet man die Aufrechte Trespe, Blaugras, Bergklee, knolligen Hahnenfuß, Wegerich, Wiesensalbei und Thymian. Auf sehr feuchten oder staunassen Standorten fühlen sich Binsen, Rasenschmiele, Sumpfschachtelhahn, Wiesenknöterich, Sumpfdotterblume, kriechender Hahnenfuß und Quecke wohl. Hier können nur Drainagemaßnahmen zu einer Verbesserung des Grünlandaufwuchses führen. Pflanzen, die Tritt und Biss der Pferde sehr gut ertragen bzw. sogar eine gewisse Tritt- und Bissfrequenz zu ihrer Ausbreitung benötigen, sind: Deutsches Weidelgras, Jährige Rispe und der Weißklee. Dagegen sind Glatthafer und Sichelluzerne ausgesprochen trittempfindlich.

Was zeichnet eine gute Weide aus?

Futterwertzahlen der wichtigsten Grünlandarten
(nach KLAPP, 1965)

Bewertung	Art	Futterwertzahl
Hochwertige Gräser und Leguminosen	Deutsches Weidelgras	8
	Wiesenlieschgras	8
	Wiesenrispe	8
	Wiesenschwingel	8
	Weißklee	8
Mittelwertige Gräser	Gemeine Rispe	7
	Rotschwingel	5
	Wiesenfuchsschwanz	7
	Knaulgras	7
Minderwertige Gräser	Quecke	6
	Wolliges Honiggras	4
	Knickfuchsschwanz	4
	Rasenschmiele	3
	Ruchgras	3
Kräuter	Löwenzahn	5
	Schafgarbe	5
	Sauerampfer	4
	Kriechender Hahnenfuß	2
	Große Brennnessel	1
	Stumpfer Ampfer	1
	Krauser Ampfer	1
	Gewöhnliche Distel	0
Giftpflanzen	Wiesenschaumkraut	-1
	Sumpfschachtelhalm	-1
	Sumpfdotterblume	-1
	Scharfer Hahnenfuß	-1

8 = sehr hoch   5 = mittel   0 = kein Futterwert
negativer Wert: Pflanzenteile giftig

4 Management von Wiesen und Weiden

Düngung und Pflege des Grünlandes

Allgemeines

Die wichtigste Maßnahme der Grünlandpflege ist die Regelung der Wasserführung. Auf Flächen, die einen sehr hohen Grundwasserstand haben oder durch Staunässe gekennzeichnet sind, kann sich kein für unsere Pferde wertvoller Pflanzenbestand entwickeln. Außerdem sind solche Flächen, vor allem wenn sie noch zeitweiligen Überschwemmungen ausgesetzt sind, gefährliche Brutstätten für Leber-, Magen- und Darmparasiten. Hinzu kommt, dass solche Flächen nur wenig trittfest sind und nur begrenzt genutzt werden können. Da Pferde wegen des extremen Verbisses und der groben Beschädigungen durch die Huftritte sehr schlechte Weidetiere sind, sollten den Flächen kurze Fresszeiten und lange Ruhezeiten gewährt werden.

Eine Wechselbeweidung mit Rindern ist ausgesprochen vorteilhaft, weil Rinder die Grasnarbe schonender und gleichmäßiger abweiden. Pferdemist sollte nach Möglichkeit auf Pferdeweiden nicht aufgebracht werden. Das Risiko des Parasitenbefalls ist ohnehin groß genug.

Die Überbeanspruchung der Grasnarbe durch die Beweidung mit Pferden führt zu Lücken in der Grasnarbe, in denen sich breitblättrige Unkräuter ausdehnen.

Vergessen Sie bitte nicht, dass auf 1 m² Grünlandfläche bis zu 100.000 Unkrautsamen ruhen und nur auf eine Gelegenheit zur Ausbreitung warten. Hinzu kommt noch, dass die Unkrautsamen eine ungeheuer lange Lebensdauer besitzen. Die als Unkräuter auf der

Dort, wo Pferde häufiger abkoten, bilden sich sogenannte Geilstellen.

Weide gefürchteten, weil schwer zu bekämpfenden Ampferarten sind mit ihrem Samen mehr als 70 Jahre keimfähig. Denken Sie also an die Mongolen und schützen Sie die Grasnarbe ihrer Weideflächen.

Geilstellen

Dort wo die Pferde abkoten, kommt es sehr schnell zu einem üppigen Wachstum von Pflanzen, die die Pferde meiden. Ideal ist das Absammeln der Pferdeäpfel und das Ausmähen dieser sogenannten Geilstellen. Ist keine Mischbeweidung mit Rindern möglich, sollten Sie die Fläche nach der ersten Beweidung möglichst umgehend nachmähen, um das Absamen von Ampfer und schnellwüchsigen Gräsern zu verhindern. Dadurch können Sie die Qualität des nächsten Aufwuchses entscheidend verbessern.

Chemische Pflegemaßnahmen

Kulturmaßnahmen haben bei der Bekämpfung von Schadursachen Vorrang vor chemi-

Düngung und Pflege des Grünlandes

schen Pflanzenschutzmitteln. Versuchen Sie lieber durch eine gute Bewirtschaftung der Flächen, wie Wechselbeweidung mit Rindern oder Wechsel von Weide- und Schnittnutzung sowie durch Verbesserungen in den Bereichen Düngung, Kalkung und Wasserführung die Futterqualität zu verbessern. Gleichzeitig beugen diese Maßnahmen der Ausbreitung von nährstoff- und platzraubenden Pflanzenarten sowie Giftpflanzen vor. Nur in hartnäckigen Ausnahmefällen, wenn andere Maßnahmen zur Unkrautbekämpfung nicht mehr wirksam sind, ist eine Behandlung mit Herbiziden zu empfehlen. Eine Kombination von Düngewirkung sowie Unkraut- und Parasitenbekämpfung ist mit Hilfe von Kalkstickstoff zu erreichen. Kalk verbessert die Bodenstruktur, während Stickstoff die Konkurrenzkraft wertvoller Gräser stärkt. Die unter Wassereinwirkung entstehende Cyanamid-Phase bekämpft breitblättrige Unkräuter und tötet Parasitenlarven ab.

Düngung

Düngemaßnahmen sollten nur gezielt vorgenommen werden. Dabei muss zunächst festgestellt werden, wie hoch die vorhandenen Nährstoffmengen im Boden sind. Eine solche Untersuchung aufgrund von Bodenproben kann bei Ihrem zuständigen Landwirtschaftsamt oder bei den Landesuntersuchungs- und Forschungsanstalten durchgeführt werden.
Dann müssen Sie noch kalkulieren, wie hoch die Entzugsmengen sind bzw. wie hoch die Pferdebesatzdichte ist und wie lange die Weidedauer sein soll. Haben Sie kompostierten Rinderdung zur Verfügung, können Sie diesen natürlich aufbringen und nährstoffmäßig anrechnen. Bei diesen Berechnungen helfen Ihnen die Berater der staatlichen Untersuchungs- und Forschungsanstalten. Zu berücksichtigen ist auch die Bodenart. Denn sandige Böden haben gegenüber lehmigen Böden nur geringe Speicherkapazitäten.
Die wertvollsten Grünlandpflanzen gedeihen am besten bei schwach saurer Bodenreaktion bei pH-Werten zwischen 5,5 und 6,0.
Eine Regulation des pH-Wertes und eine gute Bodenstruktur können alle 3–4 Jahre mit Hilfe von Kalkdüngern erfolgen. Die Düngung mit Phosphor und Kali muss auf die Gehalte im Boden und auf den Entzug durch die Bewirtschaftung abgestimmt werden.
Bei der Stickstoffdüngung ist langsam frei werdenden Stickstoffquellen vor schnell wirkenden der Vorzug zu geben. Die Stickstoffmengen sind auf Pferdeweiden deutlich niedriger anzusetzen als auf intensiv geführten Rinderweiden. 50–80 kg N/ha reichen für extensiv bewirtschaftete Bestände aus. Sind die Flächen jedoch knapp und die Pferdezahl hoch, müssen natürlich deutlich höhere Stickstoffmengen (60 kg Stickstoff je Weidedurchgang bzw. Schnitt) angesetzt werden.
Gutes Weidegras sollte auch möglichst hohe Natrium- und Magnesiumgehalte aufweisen. Gräserreiche Bestände sind wesentlich magnesiumärmer als kräuterreiche. Wird der Kaliumeinsatz nicht übertrieben und enthalten die Bestände genügend deutsches Weidegras, Weißklee und Löwenzahn, stellt sich ein erwünschter höherer Natriumgehalt ein.
Bei den Spurenelementen ist vor allem für die Fohlenaufzucht an ausreichende Gehalte des Weidegrases an Kupfer und Selen zu denken. In trockenen Jahren und bei hohen

Management von Wiesen und Weiden

pH-Werten zum Beispiel nach Kalkdüngung hilft jedoch nur die gezielte Beifütterung über Mineralfutter oder Weideleckschalen.

Nachsaat

Zu einer ordentlichen Grünlandpflege auf Pferdeweiden gehört die Nachsaat. Lücken in der Grasnarbe müssen geschlossen werden, um das Ausbreiten von minderwertigen Gräsern und von Unkräutern zu verhindern. Die beste Konkurrenzkraft für die Weide haben die Weidegras-Arten. Daher sollten Sie aus Kostengründen auch nur diese einsetzen. Besonders günstig für eine Nachsaat ist die Zeit nach der ersten Nutzung im späten Frühjahr oder die Zeit vor der Sommertrockenheit, weil dann die alte Grasnarbe wenig Konkurrenz für die nachgesäten Gräser bietet. Grundsätzlich bieten sich zwei Verfahren der Nachsaat an:

a) Übersaat

Hierbei werden gewissermaßen als Vorbeugung ein bis zwei Tage vor dem Weideabtrieb mit Spezialgeräten oder mit einem Düngerstreuer die Grassamen ausgebracht. Bei kleinen Flächen können Sie das Saatgut auch mit der Hand ausstreuen. Hierzu verwenden Sie mehrmals im Jahr jeweils 5 kg Saatgut je ha.

b) Durchsaat

Als zweite Methode ist die Durchsaat zu nennen. Hierbei sollten Sie mit entsprechenden Spezialgeräten 20 kg/ha in den Boden einbringen.

Die Nachsaat mit Fräsrillengeräten ist vor allem bei verfilzter Grasnarbe Erfolg versprechend, weil der für die Nachsaat nötige Platz geschaffen wird. Um den Erfolg der Nachsaat zu sichern, sollten Sie unmittelbar nach der Saat den Pflanzenbestand kurz halten, um den Konkurrenzdruck der alten Narbe zu verringern und die jungen Pflanzen zur Bestockung anzuregen. Nachsaaten sollten im ersten Jahr – wenn überhaupt – nur kurz und mit wenigen Pferden beweidet werden. Besser ist die Beweidung mit Rindvieh, weil diese die Jungpflanzen nicht ausreißen.

Neuansaat

Ist durch ständige Überbeweidung und durch den Tritt der Pferde die Grasnarbe nachhaltig geschädigt, besteht nur noch die Möglichkeit eines kompletten Weideumbruchs mit einer vollständigen Neuansaat. Diese sollten Sie aber nur in Betracht ziehen, wenn wirklich alle anderen Pflege-, Düngungs- und Unkrautbekämpfungsmaßnahmen keinen Erfolg mehr versprechen. Die beste Zeit für eine Neuansaat nach chemischer oder mechanischer Entfernung des bestehenden Grünlandbestandes ist der Frühsommer. Sie können dann die günstigen Temperaturen und guten Regenmengen für eine zügige Entwicklung der jungen Ansaat nutzen. Außerdem können Sie den intensiven Aufwuchs im Frühjahr noch nutzen und so die Ertragseinbuße – vor allem bei knapper Fläche – gering halten. Vor einer Neuansaat sollten Sie sich bei einem Berater der Landwirtschaftskammer oder des Landwirtschaftsamtes oder einem erfahrenen Landwirt über die zweckmäßige Vorgehensweise informieren.

Im Allgemeinen empfiehlt sich ein Abtöten des Altbestandes mit einem Spezialherbizid.

Düngung und Pflege des Grünlandes

Beachten Sie hierbei die vorgeschriebenen Wartezeiten. Danach bearbeiten Sie den Boden relativ flach, aber trotzdem intensiv mit einer Fräse bis zu einer Tiefe von 5–10 cm. Sind die Pflanzenbestände sehr üppig, müssen Sie diese vor der weiteren Bearbeitung abräumen. In der Regel wird die Saat als Breitsaat durchgeführt, damit auch die kleinkörnigen und konkurrenzschwächeren Bestandteile der Ansaatmischung gute Entwicklungschancen haben.

Weißklee wird im Gegensatz zu älteren Empfehlungen nicht mehr so gerne gesehen, weil zu hohe Anteile als problematisch für Zuchtpferde gelten. Geringe und erwünschte Weißkleeanteile stellen sich von selbst ein.

Wichtig für den Erfolg einer Neuansaat ist, dass die Samen guten Kontakt zum Boden haben.

Daher sollten Sie sorgfältig walzen. Als Startdüngung empfehlen sich 30–50 kg Stickstoff je ha. Bei einer Wuchshöhe von etwa 20 cm sollte ein erster Schnitt vorgenommen werden. Dieser sollte eine Schnitthöhe von ca. 10 cm haben. Er regt die Bestockung der Gräser an und verhindert, dass sich die Kräuteranteile zu stark verbreiten. Vor allem die Ausbreitung von Unkräutern wird gehemmt. Nach dem Schnitt sollten Sie eine zweite Stickstoffgabe in Höhe von 50 kg je ha verabreichen. Da die wertvollen Weidegräser durch Biss und Tritt der Weidetiere gefördert werden, können Sie bei einer Wuchshöhe von 25 cm eine erste schonende Beweidung durchführen.

Ideal ist eine erste Beweidung durch Rinder. Der Narbenschluss wird dadurch gefördert. Pferde verletzen die Narbe leichter und dür-

> **TIPP!**
>
> **Wie erkenne ich, wann die Weide nachgesät werden muss?**
>
> Liegt der Anteil von Lücken in der Grasnarbe und der Anteil von Unkräutern jeweils unter 10 %, haben Sie die Chance, dass sich die Weidefläche durch Schonen wieder erholt.
>
> Um die Lücken und den Unkrautbestand abzuschätzen, sollten Sie eine kleine Fläche auf der Weide, etwa 30 x 30 cm, mit dem Zollstock abmessen. Es fällt Ihnen dann leichter, die Größe der Lücke in der Grasnarbe und den Unkraut- und Ungräseranteil zu ermitteln.
>
> Liegt der Anteil von Narbenschäden und der Unkrautanteil jeweils über 15 %, sollten Sie eine Nachsaat durchführen. Liegt der Lückenanteil über 30 % und der Anteil wertvoller Gräser unter 50 %, sollten Sie sich zu einer Neuansaat entschließen.

fen nur unter idealen trockenen Bedingungen kurzzeitig die frisch eingesäte Fläche beweiden.

Neuansaat zur Umwandlung von Acker in Grünland

Wollen Sie Ackerland in Grünland umwandeln, sollten Sie für die Nutzungsrichtung und den jeweiligen Standort passende Saatmischungen wählen. Die amtlichen Beratungsstellen geben Ihnen Hilfestellung bei der Auswahl des richtigen Saatgutes. Die zur

Management von Wiesen und Weiden

Verfügung stehenden Arten unterscheiden sich in ihrer Nutzungseignung, ihrer Konkurrenzkraft gegenüber anderen Weidepflanzen und gegenüber Unkräutern und in ihrer Anpassung an den jeweiligen Standort.

Je nach dem Verwendungszweck werden die Saatgutmischungen für die Weide oder für die Wiese zur Heu- und Silageernte zusammengestellt. In den meisten Bundesländern gibt es sogenannte Standardmischungen, an denen Sie sich orientieren können. Besonders für Pferdeweiden sind die Merkmale Trittfestigkeit, Narbendichte und Ausdauer von großer Wichtigkeit. Häufig wird die Frage nach Kräuterbeimischungen gestellt. Diese Beimischungen sind in der Regel sehr teuer, aber wenig konkurrenzstark. Ein hoher Anteil an erwünschten Kleearten und Kräutern stellt sich nach entsprechender Kalk- und Phosphordüngung und sorgfältiger Pflege mit der Zeit ein, wenn die Stickstoffdüngung nicht übertrieben wird. Die beste Zeit für die Neuansaat bei einer Umwandlung von Ackerland zu Grünland ist das Frühjahr, nachdem der Acker im Herbst schon gepflügt wurde. Für die Saat gelten ansonsten die gleichen Regeln, wie sie bei Ansaat nach Umbruch beschrieben wurden.

Futterkonservierung

Silagegewinnung

Ein für die Rinderhaltung sehr früh geschnittenes Gras wird von vielen Pferdehaltern aufgrund des hohen Eiweiß- und des niedrigen Rohfasergehaltes für die Silagebereitung abgelehnt. Müssen dennoch solche Silagen verfüttert werden, sollten Sie diese mit ausreichend Stroh ergänzen. Noch kritischer als eine Silagegewinnung in einem zu jungen Grasbestand ist die Ernte von überständigem Gras am Ende der Blüte.

Die Silierfähigkeit ist gering, da hohe Rohfaseranteile und geringe Mengen an vergärbaren Stoffen eine Milchsäuregärung hemmen. Der pH-Wert kann nicht genügend absinken und es kommt zu einem starken Wachstum von unerwünschten Bakterien und Pilzen. Die Gefahr eines Schimmelpilzbefalls ist bei diesen zu spät geschnittenen Silagen besonders hoch, zumal das alte Pflanzenmaterial sehr sperrig ist und eine ausreichende Verdichtung mit völligem Luftabschluss verhindert. Als ideal für eine Silagebereitung gilt die Zeit vom Beginn bis zur Mitte der Blüte der wichtigsten Gräser des Pflanzenbestandes.

Silage lässt sich auch in Regionen mit höheren Niederschlagsmengen ernten, wenn zumindest die Aussicht auf zwei Schönwettertage besteht. Achten Sie darauf, dass das Mähwerk nicht zu tief eingestellt wird. Sie verhindern so das Einbringen von Erde und Schadkeimen, wie z. B. von Botulismuserregern. Außerdem erholt sich der Pflanzenbestand schneller und steht dann bei knapper Weidefläche schneller wieder für den nächsten Schnitt oder die Beweidung zur Verfügung. Die Schnitthöhe sollte etwa 7–10 cm betragen. Anschließend wird das Gras breit gezettet (flächiges Verteilen von Mähgut zum Trocknen) und je nach Witterungsverlauf ein- bis zweimal gewendet. Ein Trockensubstanzgehalt von 50 % sollte nach Möglichkeit nicht überschritten werden. Trockensubstanzgehalte von über 60 % erhöhen die Gefahr von Schimmelbil-

4
Futterkonservierung

Gut gewickelt: Luftabschluss ermöglicht optimale Milchsäuregärung der Silage.

Gut getrocknet: Ausreichende Trocknung des Schnittguts und Ernte dauern vier Tage.

dung und Fehlgärungen. Auch wenn in einigen Regionen Zwischenformen, wie Heulage oder Gärheu empfohlen werden, sollten Sie die oben genannten Risiken vermeiden.

Wichtig ist, dass Sie die Silageballen gut verdichten, hierbei sind Quaderballen den Rundballen offensichtlich überlegen. Vorteilhaft sind Schneidwerke an den Pressen, die die Verdichtung erleichtern.

Sparen Sie nicht an der Folie, denn nur ein guter Luftabschluss ermöglicht einen optimalen Verlauf der Milchsäuregärung und reduziert die Gefahr von Fehlgärungen. Untersuchungen von Frau Prof. Zeyner haben ergeben, dass eine gute Silierung den Fruktangehalt auch bei zuckerreichen Gräsern wirksam senkt.

Heugewinnung

Heu hat nach wie vor eine außerordentliche Bedeutung in der Pferdehaltung. Nun ist es leicht gesagt, dass man eine optimale Heuqualität produzieren soll. Ernten muss man, wenn das Wetter passt.

Für eine ausreichende Trocknung und Ernte brauchen Sie mindestens vier Schönwettertage. Warten Sie also auf eine stabile Hochdruck-Wetterlage. Im Prinzip spricht nichts gegen einen frühen Nutzungszeitpunkt, wenn 30 % der Hauptbestandsbildner sich im Stadium Mitte bis Ende der Blüte befinden. In der Praxis wird Heu für die Pferdefütterung etwas später geschnitten, leider jedoch oft viel zu spät.

Nur um höhere Rohfasergehalte zu erreichen, werden erhebliche Nährstoffverluste in Kauf genommen. Hinzu kommt, dass überständiges Gras auch stärker mit Pilzen belastet ist. Völliger Unsinn ist auch die Vorstellung, dass Pferdeheu nach dem Schnitt wenigstens einmal Regen bekommen sollte.

Ziel der Heugewinnung ist es, möglichst schnell und schonend den Wassergehalt von 80 % auf 15 % oder darunter zu senken. Da-

4 Management von Wiesen und Weiden

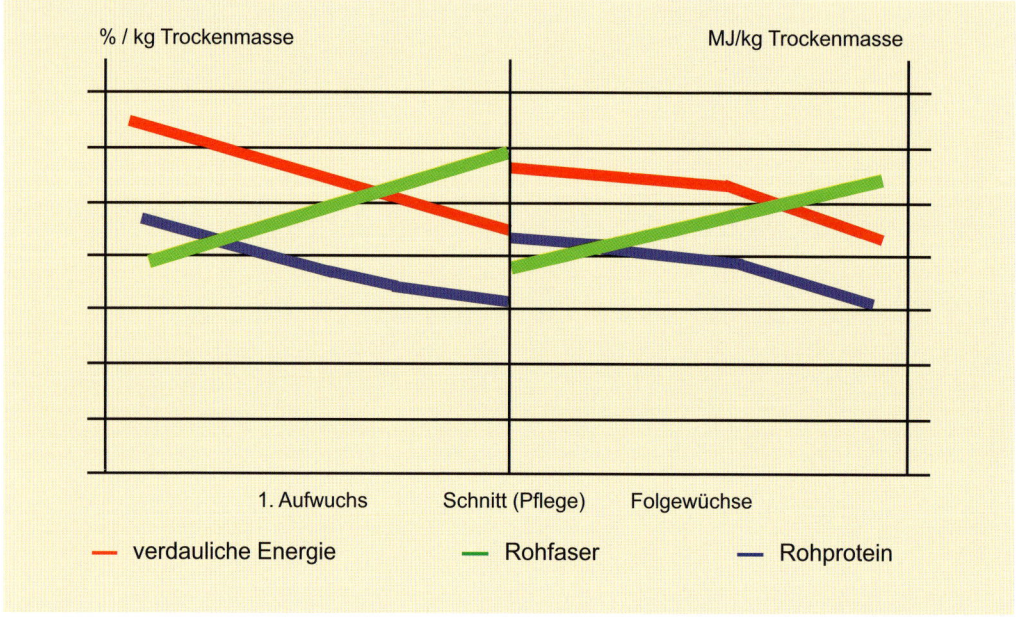

Vegetationsperiode: Verlauf des Gehalts an Rohprotein, verdaulicher Energie und Rohfaser.

her sollte das Gras unmittelbar nach dem Mähen breit gestreut werden.

Das Wenden sollte drei- bis fünfmal sehr schonend bei langsamer Fahrtgeschwindigkeit erfolgen. Denken Sie daran, das geschnittene Gras abends auf Schwad zu legen, um ein zu starkes Einwirken der Bodenfeuchtigkeit zu vermeiden. Morgens streuen Sie das Gras dann wieder auseinander.

Für kleine Hochdruckballen reichen meist drei Tage Trocknungsdauer. Für große Rundballen rechnen Sie lieber vier Trocknungstage, für Quaderballen etwa fünf Tage. In den ersten Wochen nach der Ernte finden noch Gärprozesse statt, die zu einer Erwärmung des Heus führen (Vorsicht: Brandgefahr durch Heuselbstentzündung!). Nach sechs bis acht Wochen können Sie dann allmählich beginnen, das Heu zu verfüttern.

Kraut oder Unkraut?

Ein erwünschtes ökologisches Gleichgewicht von Gräsern, Kleearten und Kräutern wird sich durch die Regulierung der Wasserverhältnisse, durch eine vielseitige und trotzdem ausgewogene Düngung und gut abgestimmte Nutzung und Pflege, einstellen. Sind diese Voraussetzungen nicht erfüllt, bringen auch Bekämpfungsmaßnahmen nichts oder wenig. Sie kurieren dann nur an den Symptomen herum, beseitigen aber nicht die eigentlichen Ursachen.

Die Natur gibt Ihnen durch die Pflanzenzusammensetzung Hinweise auf die Qualität Ihres Weide- und Wiesenmanagements. Beobachten Sie diese Zeichen genau. Die Unterscheidung zwischen Gräsern und Ungräsern sowie Kräutern und Unkräutern ist schwie-

Kraut oder Unkraut?

> ### TIPP!
>
> ### *Rohproteingehalt im Grundfutter*
>
> Der Rohproteingehalt in Heu und Grassilage hängt maßgeblich vom Reifegrad und von der botanischen Zusammensetzung ab. Ein früh geschnittenes Heu (d.h. vor der Blüte geschnittenes Gras) mit einem hohen Anteil an Leguminosen (z.B. Klee, Luzerne) ist vom Rohproteingehalt sehr hochwertig. (13 % XP).
>
> Ein spät geerntetes Heu mit vielen Obergräsern ist dagegen sehr faserreich und rohproteinarm. Oberste Priorität bei der Heugewinnung hat eine trockene und möglichst erdarme Heuernte. Gerade bei einem hohen Erdanteil steigt die Gefahr von Pilzen und Bakterien (z.B. C. botulinum).
>
>
>
> *Hubert Mang, Pferdewirtschaftsmeister Zucht und Haltung*
>
> Für die Gewinnung guter Silage sind das Einvakuumieren sowie die passende Restfeuchte von großer Bedeutung. Ein Trockensubstanzgehalt von 50 % sollte dabei nach Möglichkeit nicht überschritten werden. Zu trockene Silage lässt sich nämlich nicht mehr genügend verdichten, und es kommt in der Folge zu Fehlgärungen. Für meine Reitpferde setze ich nach der Blüte geschnittenes Heu oder Silage ein, um die Pferde mit lebensnotwendiger Faser zu versorgen. Bei den Zuchtstuten wird ein rohproteinreiches Grundfutter eingesetzt, um den erhöhten Bedarf zu decken.

rig. Oft ist es eine Frage der Menge. Ein gewisser Anteil an Löwenzahn auf einer Weide hat durchaus Vorteile. Pferde nehmen gerne Löwenzahn auf. Der Futterwert ist beträchtlich. Finden Sie hohe Löwenzahnbestände auf einer Wiese, auf der Sie Heu ernten wollen, haben Sie jedoch große Probleme. Löwenzahn blüht sehr früh, und die Verluste bei der Heugewinnung sind beträchtlich.

Viele natürlich vorkommende Gräser und Kräuter haben eine positive diätetische Wirkung. Sie werden vom Pferd gerne aufgenommen und sind meist auch mineralstoffreich. In begrenzten Mengen sind diese Wildpflanzen also durchaus erwünscht. Wenn diese Pflanzen durch Bewirtschaftungsmängel Obergrenzen überschreiten, kehrt sich die günstige Wirkung in ihr Gegenteil um. Die positive Wirkung wird durch Mindererträge zunichte gemacht. Zu den Pflanzen, die nur in geringen Mengen erwünscht sind, gehören Bärenklau, Löwenzahn, Quecke, Schafgarbe, Spitzwegerich, Wieselkerbel und Wiesenknöterich. Besonders bei der Düngung mit hohen Anteilen an Stallmist oder Jauche bzw. Gülle treten diese Pflanzen gehäuft auf. Die Düngung mit den genannten Wirtschaftsdüngern muss deutlich reduziert werden. Sie sollten durch eine frühe Beweidung im Frühjahr – natürlich unter Berücksichtigung der Übergangsfütterung – diese Pflanzen wieder zurückdrängen.

Management von Wiesen und Weiden

Absolute Unkräuter mit mangelndem Futterwert oder schädlichen Giftwirkungen sollten durch entsprechende Pflegemaßnahmen bekämpft werden. Viele für das Steppentier Pferd giftige Pflanzen wachsen besonders auf feuchten Wiesen und Weiden. Eine Regulierung der Wasserführung, zum Beispiel durch eine Drainage, kann am schnellsten diese unerwünschten Pflanzen, wie beispielsweise Binse, Sumpfschachtelhalm, Sumpfdotterblume oder Herbstzeitlose verdrängen.

Eine Überdüngung mit Stickstoff fördert Ampferarten und Brennnesseln. Disteln und scharfer Hahnenfuß breiten sich vor allem bei mangelnder Weidepflege aus. Rasenschmiele verbreitet sich besonders, wenn die Pferde bei nassen Flächen die Grasnarbe verletzen.

Oberstes Gebot für jeden Pferdehalter sollte sein, die unerwünschten Pflanzen durch die richtige Düngung, regelmäßige Weidepflege und Nachsaat zu bekämpfen, auch wenn Ihnen dies zum Beispiel bei Ampfer sehr schwer fallen dürfte. Hier müssen Sie eine Einzelpflanzenbekämpfung durchführen, indem Sie die Ampferpflanzen ausstechen oder durch rechtzeitiges Nachmähen das Ausstreuen des Samens verhindern.

Sollten Sie sich dennoch zur chemischen Bekämpfung entschließen, nehmen Sie den Rat der amtlichen Fachleute in Anspruch. Beachten Sie genau die Sicherheitshinweise der Hersteller sowie die gesetzlichen Bestimmungen zum Ausbringen der Herbizide. Einen sorgsamen Umgang mit Herbiziden sind Sie Ihrer Gesundheit, der Ihrer Pferde und Ihrer Umwelt schuldig.

Empfehlenswert: Heuraufen dieser Art minimieren das Verletzungsrisiko.

Funktionstüchtig: Selbsttränken müssen regelmäßig überprüft werden.

Weideeinrichtungen

Die Anlage von Zäunen, Weideschuppen und Tränken muss den artgemäßen Bedürfnissen der Pferde entsprechen. Sie sollten sich als Pferdehalter vor allem Ihrer Sorgfaltspflicht bewusst sein.

Zwei unabdingbare Grundsätze zur Weidehaltung von Pferden:
Die Weideeinzäunung muss 1. **hütesicher** und 2. **tierschutzgerecht** sein.

Dr. Karsten Zech

Zu 1: Der Sicherheitsaspekt hat hohe Priorität. Besonders neben stark befahrenen Straßen, Flugplätzen und an Bahnlinien (Risikostufe 3) muss die Einzäunung stabil und sicher sein. Die Zaunhöhe sollte mindestens 0,8 x Widerristhöhe des größten Pferdes betragen. Empfohlen wird für normal große Warmblutpferde daher grundsätzlich eine Zaunhöhe von 1,40 m. Als Zaunpfähle eignen sich besonders imprägnierte Holzpfähle oder Kunststoffpfosten. Je nach Zaunmaterial empfiehlt sich ein Pfostenabstand von jeweils 3 Metern. Die Pfähle sollten mindestens zu einem Drittel ihrer Länge eingegraben sein. Drei Elektrobänder bzw. Querriegel in 40 cm Abstand sind zu empfehlen. Die Querriegel aus Holz bzw. aus korrosionsfestem und unverrottbarem Kunststoff müssen von innen angenagelt bzw. angeschraubt sein.

Zu 2: Für das Pferd darf keine Verletzungsgefahr von der Umzäunung ausgehen. Stacheldrahtzäune gehören der Vergangenheit an, da sie nach mehreren Gerichtsurteilen nicht tierschutzgerecht sind (z.B. OVG Weimar, 28.09.2000, 3 KO 700/99, NNVwZ RR 2001, 507 bzw. Nds. OVwG 16.01.2006 Az: 11 LA 11/05, 2 A 2850/03). Elektrodrähte eignen sich am besten in Kombination mit Holzzäunen. Reine Elektrozäune sollten über 40 mm breite Litzen haben und mindestens dreireihig sein. Eine ausreichende Stromführung bedingt die Hütesicherheit. Hierbei muss insbesondere an eine ausreichende Erdung des Stromgerätes und die Beseitigung von Bewuchs im Zaunbereich gedacht werden.

Wasser muss sauber sein

Die Funktionstüchtigkeit der Weidetränken ist täglich zu kontrollieren. Gefordert wird Wasser in Trinkwasserqualität. Nur selten eignen sich natürliche Wasserläufe als Wasserreservoir. Die Gefahr durch Krankheitserreger und Parasiten (u. a. durch Botulismus und Salmonellen) ist bei den häufig verschmutzten Gräben und Tümpeln groß. Nur bei sauberen, fließenden Gewässern können Sie nach entsprechenden Wasseranalysen auf die Installation einer Tränkeeinrichtung verzichten.

Bei Raufen gilt: Gefährliche Abstände vermeiden

Ist eine Zufütterung erforderlich, empfiehlt es sich, eine Raufe zu verwenden. Im Bereich der Raufe müssen gefährliche Abstände unbedingt vermieden werden, um die Verletzungsgefahr zu minimieren. Die lichten Abstände müssen in allen Bereichen entweder weniger als 5 cm oder mehr als 30 cm betragen.

Kapitel 5

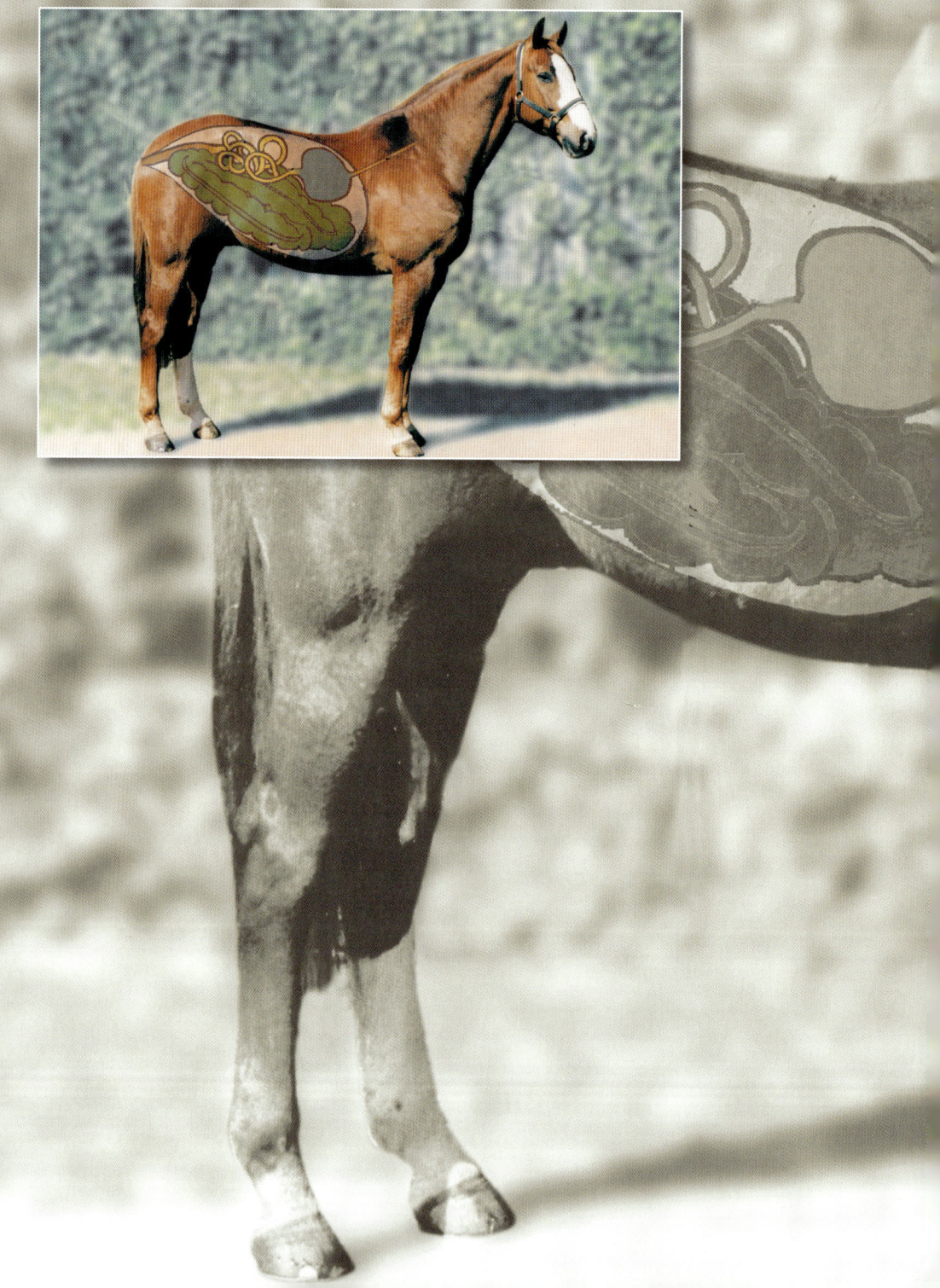

Fütterungsbedingte Erkrankungen

Futtermittelhygiene	128	**Die Fütterung allergischer Pferde**	142
Störungen des Verdauungstraktes	130	Allergisch bedingte Hautekzeme	141
Probleme der Zahn- und Gebissgesundheit	130	**Schädliche Inhalts- und Begleitstoffe**	143
Schlundverstopfung	132	**Welche diätetischen Futtermittel können sinnvoll sein?**	146
Magengeschwüre	132		
Kolik	133	**Nutzen und Risiken von Kräutern in der Pferdefütterung**	148
Stoffwechselstörungen	136		
Hufrehe	136	**Fütterung und Leistungsfähigkeit**	150
Nierenschäden	140		
Leberfunktionsschäden	140	**Fütterungskontrolle**	152
Kreuzverschlag	141	Wie und wo kann ich die Qualität von Futtermitteln überprüfen	155
Blutverfettung, Leberverfettung	141		
		Zusammenfassung	157

5 Fütterungsbedingte Erkrankungen

Futtermittelhygiene

Mängel in der hygienischen Beschaffenheit der Futtermittel stellen in der Praxis ein großes Gefahrenpotenzial für die Gesundheit und die Leistungsbereitschaft unserer Pferde dar. Treten in einem Bestand häufiger Futterverweigerung oder Gesundheitsstörungen wie Koliken auf, ist verstärkt auf Mängel in der hygienischen Beschaffenheit der Futtermittel zu achten. Belastungen des Futters durch Pilze und deren Toxine können bei ungünstigen Witterungsbedingungen bereits in der Ernte auftreten. Häufig verderben die Futtermittel durch zu feuchte oder unsaubere Lagerbedingungen. Pilze, Hefen und Bakterien sind häufige Schadorganismen in schlecht gelagertem und ungereinigtem Hafer.

Silagen verderben vielfach, weil schon in der Ernte Fehler gemacht werden, die eine gute Silierung verhindern, wie zum Beispiel hohe Erdgehalte oder mangelnde Verdichtung der Ballen. Ohne richtigen Luftabschluss kommt es zu Fehlgärungen und Schimmelbildung. Sehr gefährlich sind auch Verunreinigungen durch Nagerkot und Urin. Schwere Stoffwechselstörungen mit Leber- und Nierenschäden wie beispielsweise Leptospirose können die Folge sein. Auch Vorratsschädlinge wie Käfer und Milben vernichten nicht nur große Mengen an Getreide, sondern belasten auch die verbleibenden Futterreste durch ihre schädlichen Stoffwechselprodukte. So sind die auf dem Kot der Milben gebildeten Schimmelpilze Ursache vieler Probleme und auch Auslöser allergischer Atemwegserkrankungen.

Nicht immer ist der Zusammenhang zwischen Mikroorganismen und Gesundheits-

Verdorbenes Futter, wie hier im Bild schimmeliger Hafer, kann zu ernsthaften Gesundheitsstörungen führen und gehört nicht in den Futtertrog.

schäden eindeutig zu erkennen. Nicht jede Belastung mit Keimen führt auch zwangsläufig zu Schäden am Pferd. Je höher der Keimgehalt von Futtermitteln jedoch ist und je länger belastete Futterpartien verwendet werden, umso größer ist das Risiko für eine Gesundheitsstörung. Das Risiko steigt umso mehr, je geringer die Abwehrkraft des Organismus ist und je ungünstiger die Haltungsbedingungen für das Pferd sind.

Als Folge von Toxinen, die durch Fusarien (Getreideschimmelpilze) gebildet werden, treten sehr leicht Fruchtbarkeitsstörungen auf.

Hefebesatz auf Futtermitteln kann zu Aufgasungen im Verdauungstrakt mit äußerst schmerzhaften und sogar lebensbedrohlichen Koliken führen. Bakterien verursachen sehr häufig Durchfälle und führen zu den unterschiedlichsten Vergiftungserscheinungen (z.B. Botulismus).

Futtermittelhygiene

> **TIPP!**
>
> **So halten Sie die Schmutzbelastung im Futter möglichst gering**
>
> - Stellen Sie bei der Heu- oder Silageernte die Mähwerke nicht zu tief ein, da zu geringe Schnitthöhen einen erhöhten Schmutzeintrag und eine entsprechende Keimbelastung z. B. mit C. botulinum, dem Erreger des Botulismus, provozieren.
> - Vermeiden Sie Lagergetreide und bekämpfen Sie Unkrautbesatz.
> - Lagern Sie keine feuchten Futtermittel ein. Bei Wassergehalten über 15 % steigt die Aktivität und Vermehrung der Mikroben.
> - Achten Sie auf eine gute Verdichtung bei Silage in Folienballen und verwenden Sie genügend Folienlagen.
> - Reinigen Sie Silos und Lagerräume, bevor Sie neue Vorräte einlagern.
> - Getreide muss ebenfalls ausreichend getrocknet werden (Wassergehalt < 15 %) oder als Feuchtgetreide mit Propionsäure konserviert werden.
> - Lagern Sie Futtermittel kühl und trocken; Katzen, Vögel, Ratten und Mäuse fernhalten.

Keimgehaltsobergrenzen für verschiedene Futtermittel

(Kolonienbildende Einheiten pro Gramm)

Futtermittel	Bakterien	Schimmelpilze
Hafer	$< 1{,}5 \times 10^7$	$< 7 \times 10^4$
Gerste	$< 8{,}0 \times 10^6$	$< 5 \times 10^4$
Kleien	$< 5{,}0 \times 10^6$	$< 5 \times 10^4$
Mischfutter, schrotförmig	$< 5{,}0 \times 10^6$	$< 5 \times 10^4$
Mischfutter, pelletiert	$< 2{,}0 \times 10^6$	$< 2 \times 10^4$

1. Hafer zeigt unter den Getreidearten allgemein die höchsten Keimgehalte.
2. Pelletierung führt zu einer Keimreduktion, deshalb werden niedrigere Grenzwerte angesetzt. (nach KAMPHUES 1996)

5 Fütterungsbedingte Erkrankungen

Störungen des Verdauungstraktes

Probleme der Zahn- und Gebissgesundheit

Wesentlich für eine ungestörte Verdauung der Nahrung ist ein gesundes Gebiss, das durch gründliches Kauen der Futterbestandteile die weitere Verdauung in Magen und Darm vorbereitet. Das Pflanzenfressergebiss des Pferdes besteht aus jeweils sechs Schneidezähnen und 12 Backenzähnen im Ober- und Unterkiefer. Die Schneidezähne bezeichnet man von innen nach außen als Zangen-, Mittel- und Eckschneidezähne. Zwischen den Schneidezähnen und den Backenzähnen besteht beidseitig ein etwa handbreiter Zwischenraum.

Bei Hengsten und Wallachen, seltener bei Stuten, befindet sich in dieser Lücke der sogenannte Hakenzahn, auch als Hengst- oder Wallachzahn bezeichnet. Der kleine Zahn vor dem ersten Backenzahn, der sogenannte Wolfszahn, entwickelt sich zwar als Milchzahn, tritt aber erst als bleibender Zahn durch das Zahnfleisch. Bei manchen Pferden bricht der Wolfszahn gar nicht durch das Zahnfleisch und stört dann als so genannter blinder Wolfszahn. Wolfszähne sind rudimentäre Überbleibsel aus der Entwicklungsgeschichte des Pferdes, haben zwar keine Funktion mehr, können dem Pferd aber starke Schmerzen bereiten.

Oftmals gibt es durch angeborene Kiefer- und Zahnfehlstellungen Probleme im gleichmäßigen Abrieb der Schneide- und Backenzähne. Missbildungen und Haken sind die Folge. Achten Sie vor allem bei ihren Zuchtpferden auf korrekte Zahnstellungen, da Gebissfehler eine hohe Erblichkeit aufweisen.

Jedoch können auch bei von Natur aus fast regelmäßigen Zahnstellungen mit der Zeit durch mangelnden Abrieb fehlerhafte Gebissstellungen entstehen.

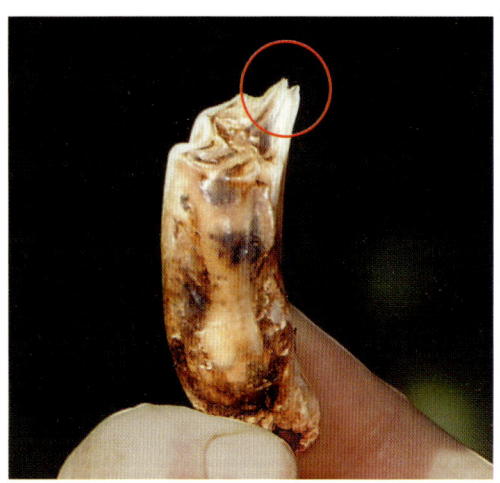

Haken: Scharfe Kanten auf den Backenzähnen verletzen die Maulschleimhaut.

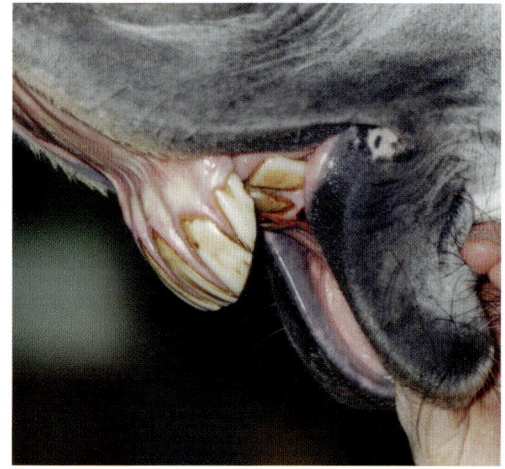

Überbiss: Massive Fehlstellungen führen zu Problemen bei der Nahrungsaufnahme.

Störungen des Verdauungstraktes

Häufigste Ursache von Zahnproblemen sind Haken auf den Backenzähnen. Solange sich das Pferd einst als Steppentier von kargen, natürlich gewachsenen Gräsern ernähren musste, führten das Zupfen, Mahlen und Quetschen der Nahrung zu einem natürlichen Abrieb der Zähne.

Eine verminderte Mahltätigkeit, zum Beispiel durch Mangel an gut strukturiertem Raufutter und Gaben von zu hohen Mengen an stark zerkleinertem Kraftfutter, führt zu einem ungenügenden Abrieb der Zähne. Die entstehenden Kanten bilden sich anatomisch bedingt an dem breiteren Oberkiefer außen und am schmaleren Unterkiefer innen. Abgesehen von den Schmerzen, die diese Ecken durch Verletzungen der Backenschleimhaut und Zunge verursachen, schränken sie die Kautätigkeit und Kieferbewegung des Pferdes ein. Zwangsläufig wird die Nahrung im Maul schlecht gekaut und zu früh abgeschluckt.

Wenig gekautes und eingespeicheltes Futter führt leicht zu Koliken. Ebenso kann das nicht genügend vorbereitete Futter im Darm nicht optimal verwertet werden. Die Folgen sind schlechter Allgemeinzustand mit stumpfem glanzlosen Fell und nachlassender Leistungsfähigkeit. Abwehrreaktionen beim Reiten oder im Umgang mit dem Pferd sind häufig ebenfalls aufgrund von Schmerzen erklärbar. Durch das Entfernen der Kanten und der Wiederherstellung der Kau- und Quetschflächen sind die Probleme durch einen fachkundigen Therapeuten meist leicht zu beheben. Auch bei auftretenden Gebissanomalien wie Überbiss oder dem selteneren Hechtgebiss ist die Kautätigkeit eingeschränkt. Diese genetisch bedingten Fehlstellungen müssen ebenfalls regelmäßig kontrolliert und korrigiert werden. Generell wird empfohlen, das Gebiss des Pferdes in den ersten drei Lebensjahren halbjährlich und danach jährlich kontrollieren und gegebenenfalls behandeln zu lassen. Frühzeitig erkannt, lassen sich die meisten Zahnprobleme einfach beheben.

> **Mögliche Symptome bei Zahnproblemen**
>
> Beim ausgewachsenen Pferd weisen eine Reihe von Symptomen auf mögliche Zahnprobleme hin. Dazu zählen zum Beispiel:
> - Fallenlassen von Nahrung
> - Starkes Speicheln
> - Geringe Kaubewegungen
> - Ungewöhnliche Kopf-, Zungen- und Unterkieferhaltungen
> - Knöcherne Aufwölbungen am Kopf
> - Auffällig viele unverdaute Futterpartikel im Mist
> - Schlechter Allgemeinzustand mit Gewichtsverlust und stumpfem Fell
> - Aufgeblähter Bauch bei deutlich sichtbaren Rippen
> - Schlechtes Annehmen des Trensengebisses
> - Abwehrreaktionen beim Abtasten der Backen
> - Kopfschlagen während des Fressens oder Reitens
> - Unangenehmer Geruch aus Maul oder Nüstern
> - Maulbluten

5 Fütterungsbedingte Erkrankungen

Schlundverstopfung

Die Speiseröhre des Pferdes gleicht im Ruhezustand einem zusammengefalteten Schlauch, der sich nur beim Abschlucken von Futterbissen kurzzeitig erweitert. Besonders bei wenig eingespeicheltem mehlförmigem Futter oder bei quellfähigen Futtermitteln, wie Trockenschnitzeln, Möhren- oder Obstresten kommt es hier leicht zu gefährlichen Verstopfungen. Aber auch bei grobstängeligem Raufutter, das hastig abgeschluckt wird oder bei Rübenstücken oder Äpfeln kann es zu solchen Problemen kommen. Besonders bei den zu wenig eingespeichelten Futtermitteln kommt es zu einem Quellvorgang, der einen regelrechten Krampf in der Speiseröhre auslöst und zu lebensbedrohlichen Zuständen führen kann. Je nach Schwere des Zustandes muss der Tierarzt krampflösende Mittel verabreichen und mit Hilfe einer Sonde eine Wasserspülung durchführen.

Magengeschwüre

Magengeschwüre treten nicht nur bei gestressten Menschen auf, sondern auch bei gestressten Sportpferden. 60 % der Sportpferde sollen unter Magengeschwüren leiden, Rennpferde sogar zu 90 %.

Normalerweise schützt eine gesunde Magenschleimhaut den Magen vor Verätzungen durch die mageneigene Salzsäure. Die Schleimhaut enthält dazu Drüsen, die den schützenden Schleim absondern. Bei Störungen dieser Schleimbildung kann das Gewebe angegriffen werden. Leichte Beschädigungen der Innenschicht müssen noch keine schwerwiegenden Folgen haben. Werden jedoch mehrere oder alle Wandschichten des Magens erfasst, kann es zu lebensbedrohlichen Zuständen kommen. Schlimmstenfalls entsteht ein Magendurchbruch. Der ausfließende Speisebrei kann zu einer tödlichen Bauchfellentzündung führen. Typische Symptome vor allem bei Fohlen und Jungpferden sind Koliken, bei denen die Pferde zur Entlastung die Rückenlage einnehmen.

Die Fohlen nehmen nicht zu und fallen durch struppiges Haarkleid auf. Bei Geschwüren, die auch die Speiseröhre befallen, tritt ein erhöhtes Speicheln auf. Ausgewachsene Pferde fallen ebenfalls durch einen schlechten Ernährungszustand auf beziehungsweise magern noch mehr ab. Das Fell ist glanzlos, und die Pferde sind nicht leistungsfähig. Typisch ist auch, dass die Pferde kurz nach dem Füttern plötzlich mit dem Fressen aufhören. Scharren, Zähneknirschen und Flehmen sind weitere Schmerzäußerungen, diese können natürlich aber auch bei anderen Kolikformen auftreten. Eine sichere Diagnose ist erst durch den Tierarzt zu stellen, der hierzu eine Magenspiegelung durchführen muss.

Risikofaktoren für das Entstehen von Magengeschwüren sind vor allem Fehler in der Rationsgestaltung und der Fütterungstechnik. Zu wenig Heu bzw. Stroh bei gleichzeitig hohen Kraftfuttergaben begünstigen das Entstehen. Das Heu sollte vor dem Kraftfutter verabreicht werden. Kraftfutter ist auf drei Mahlzeiten zu verteilen. Nach dem Füttern ist es ratsam, die Pferde noch eine Stunde ruhen zu lassen.

Auch an Tagen mit hoher Leistungsanforderung sollten die Pferde genügend Zeit zur Aufnahme von Heu haben. Dass die Krankheit bei Rennpferden besonders häufig auf-

Störungen des Verdauungstraktes

tritt, hängt neben der erhöhten Stressbelastung im Rennstall und auf der Bahn sicherlich auch mit der falschen Angewohnheit vieler Trainer zusammen, an Renntagen gar kein Heu zu füttern.

Kolik

Der Begriff Kolik ist ein Sammelbegriff für verschiedene mit Bauchschmerzen einhergehende Erkrankungen des Magen-Darm-Traktes. Das Nervensystem im Bereich des Verdauungssystems des Pferdes ist empfindlich und reagiert sehr stark auf Stressfaktoren.

So können zum Beispiel große Mengen schnell aufgenommenes kaltes Wasser oder auch plötzlicher Wetterwechsel zu heftigen Darmkrämpfen führen. Weitere Ursachen können Fehler in der Rationszusammensetzung oder plötzliche Futterumstellungen sein.

Vielfach werden auch in der Jugend erworbene Parasitenschäden, wie beispielsweise durch Strongylidenlarven hervorgerufene Schäden an den Nervengeflechten für eine erhöhte Kolikanfälligkeit verantwortlich gemacht. Kritisch werden die Koliken dann, wenn es nach spastischen Krämpfen zu einem Darmverschluss kommt, aus dem dann wieder weitere Kolikformen, wie Verstopfungen, Blähungen und Darmverlagerungen entstehen können.

Durch Fütterungsfehler treten vor allem folgende Kolikformen auf:

Gaskoliken

Diese entstehen, wenn Pferde Futter aufnehmen, das zur Gärung neigt (z.B. Klee, in der Sonne gelagertes Grünfutter oder Mais). Sehr häufig auch bei mit Pilzen und Bakterien

> ### Kolik-Symptome auf einen Blick
> Wichtig ist, dass Sie eine Kolik schnell erkennen, damit Sie entsprechende Maßnahmen ergreifen können. Folgende Symptome deuten auf eine Kolik hin:
>
> **Das Pferd**
> - verhält sich ungewohnt.
> - verweigert das Futter.
> - sieht sich nach seinem Bauch um.
> - wälzt sich häufig, steht auf und legt sich wieder hin.
> - schlägt seine Hinterbeine unter den Leib.
> - schlägt mit dem Schweif.
> - ist unruhig und stöhnt.
> - schwitzt stark.
>
> **Maßnahmen:**
> - Sofort den Tierarzt verständigen.
> - Bis zum Eintreffen des Tierarztes das Pferd führen.
> - Aufnahme von Kraftfutter und Stroh unterbinden.

verkeimten Futtermitteln (z.B. Hafer oder Roggen).

Verstopfungskoliken

Sie entstehen an unterschiedlichen Stellen des Verdauungstraktes durch eine zu üppige Aufnahme an Raufutter.

Sandkoliken

Sandkoliken sind auf eine falsche Haltungs- und Fütterungstechnik zurückzuführen. Sie entstehen sehr leicht auf sandigen Böden,

Fütterungsbedingte Erkrankungen

wenn die Pferde zu lange auf stark abgefressenen Weiden oder auch auf Sandausläufen ohne Gelegenheit zur Heu- oder Strohaufnahme, gehalten werden. Sie nehmen dann aus Langeweile sehr viel Sand zu sich. In solchen Fällen also immer reichlich Heu anbieten, da das Pferd dann seine artgemäßen Kau- und Fressbedürfnisse befriedigen kann. Durch die Verabreichung von Öl und Mash unter Einbeziehung von Flohsamen sollte versucht werden, möglichst viel Sand aus dem Verdauungstrakt zu entfernen.

Schließlich muss nochmals auf die Gefahr von parasitenbedingten Koliken hingewiesen werden. Große Mengen an Würmern können schwere Verdauungsstörungen hervorrufen. Die Schleimhäute werden durch die Larven ebenso geschädigt, wie die Blutgefäße und Nervenbahnen. Darmkoliken finden sich oft bei Pferden mit Wurmschäden, die schon im Fohlenalter aufgrund schlechter Stall- oder Weidehygiene und wegen mangelnder Bekämpfungsmaßnahmen entstanden sind.

Die Fütterung des kolikanfälligen Pferdes

Pferde, die immer wieder zu Koliken neigen, bedürfen einer besonderen Aufmerksamkeit. Zunächst sollten Sie durch den Tierarzt abklären lassen, in welchem Bereich des Verdauungstraktes die Koliken auftreten bzw. welche Kolikformen häufiger sind.

Viele Kolikprobleme sind Spätschäden von extremem Parasitenbefall in der Aufzucht. Wichtig ist, dass Sie bei kolikanfälligen Pferden besonders vorsichtig in der Auswahl der einzelnen Futtermittel sind und auch ganz besonders auf die Qualität der Futtermittel achten. Verwenden Sie nur bestes Heu. Kraftfutter sollten Sie ausschließlich in geringen Mengen verabreichen und über möglichst viele kleine Mahlzeiten verteilen.

> **TIPP!**
>
> **So beugen Sie fütterungsbedingten Erkrankungen vor**
>
> - Bewegen Sie Ihr Pferd ausreichend.
> - Geben Sie regelmäßig viele kleine Mahlzeiten.
> - Erst Heu, dann Kraftfutter geben.
> - Füttern Sie kein Kraftfutter unmittelbar bevor Sie das Pferd auf die Weide lassen.
> - Halten Sie die Futterzeiten ein.
> - Futterwechsel immer allmählich über einen Zeitraum von ein bis zwei Wochen vornehmen.
> - Lassen Sie Ihrem Pferd nach der Fütterung mindestens eine Stunde Zeit, bevor Sie mit der Arbeit beginnen.
> - Vermeiden Sie Stressbelastungen für Ihr Pferd.
> - Die Trainingsarbeit ruhig mit langen Schrittphasen beginnen, nach der Arbeit lange Schritt.
> - Reiten und nach dem Absatteln Heu füttern.
> - Überprüfen Sie täglich die Selbsttränke.
> - Geben Sie Ihrem Pferd nach der Arbeit kein kaltes Wasser.

Störungen des Verdauungstraktes

Bei Pferden, die zu Verstopfungskoliken neigen, teilen Sie auch das Stroh auf mehrere kleine Portionen auf und geben Sie vier- bis fünfmal wöchentlich Mash.

Saftfutter aus aufgeschlossenem Getreide, gekochtem Leinsamen und Rübenschnitzeln, sowie Möhren oder Futterrüben, die allerdings sehr sauber sein müssen, wirken einer Verstopfung entgegen. Silagen können nur in geringen Mengen bei bester Gärqualität eingesetzt werden, Heu wird in aller Regel besser vertragen. Leinölgaben in Mengen von 100–200 ml täglich sind ebenfalls positiv.

Die Fütterung von Pferden nach einer Kolikoperation

Meist kommen die Pferde nach einer überstandenen Kolikoperation mit einer genauen Fütterungsempfehlung nach Hause. Je nachdem, ob ein Teil des Dünndarms oder des Dickdarms entfernt wurde, müssen unterschiedliche Diätpläne eingehalten werden, die den Funktionsausfall des jeweiligen Darmabschnitts berücksichtigen. Wurde ein Teil des Dünndarms entfernt, so sollten vor allem reichliche Mengen an gut verdaulichem Heu gegeben werden. Zusätzlich sollten Sie nur geringe Mengen an Kraftfutter in kleinen Portionen über den Tag verteilt anbieten. Wichtig ist eine hohe Verdaulichkeit der enthaltenen Stärke (hydrothermisch behandelte Mais- oder Gerstenflocken). Zusätzlich können Sie Leinöl verabreichen. Eventuell müssen Sie die Mineralstoffmenge erhöhen, weil die Calcium- und Magnesiumaufnahme gestört sein kann.

Bei einem Pferd mit einer Operation im Dickdarmbereich müssen Sie höhere Mengen an

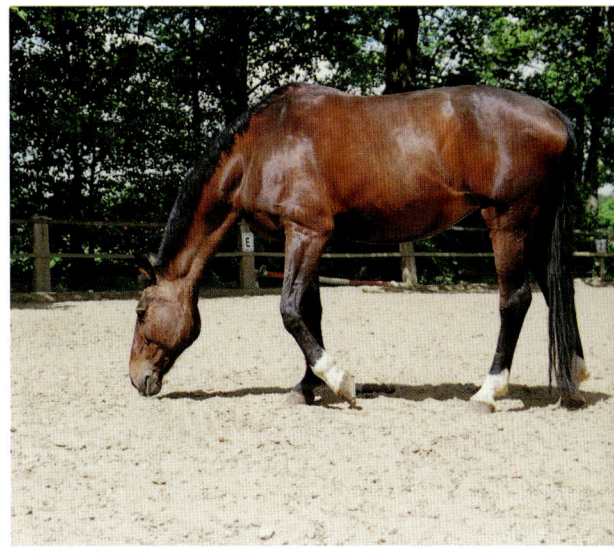

Kolikgefahr: Bei längeren Aufenthalten im Sandauslauf neigen manche Pferde dazu, aus Langeweile Sand aufzunehmen. Das Risiko wird reduziert, wenn den Pferden Raufutter angeboten wird.

energie- und eiweißreichem Kraftfutter einsetzen. Gut geeignet ist auch ein Ergänzungsfutter für Zuchtstuten mit einem Proteingehalt von 15 %. Gut verdauliches Heu sollte regelmäßig in kleinen Mengen angeboten werden, die Strohaufnahme sollte weitgehend unterbunden werden. Setzen Sie Mineralfutter mit engerem Calcium-Phosphor-Verhältnis ein (z. B. Fohlenmineralfutter mit 1,2 : 1,0) oder verwenden Sie phosphatreichere Komponenten. Auch bei Pferden mit Dickdarmoperationen kann ein Einsatz von Leinöl (dreimal täglich 200 ml) sehr positiv sein.

Da die Syntheseleistung der Dickdarmbakterien extrem gestört sein kann, sollten Sie Vitamin-B-haltige Produkte, wie Bierhefe, in die Ration einbauen.

5 Fütterungsbedingte Erkrankungen

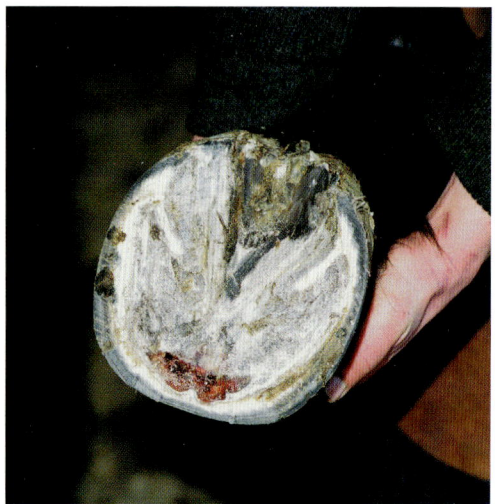

Hufbeindurchbruch: Wenn sich das Hufbein im Verlauf einer Reheerkrankung senkt, kann es durch die Hufsohle treten.

Stoffwechselstörungen

Hufrehe

Mit der Diagnose Hufrehe beginnt für die betroffenen Pferde und auch für deren Besitzer oftmals eine regelrechte Odyssee – der Ausgang ist oft ungewiss. Obwohl sich zahlreiche Forschungsarbeiten mit der Hufrehe befassen, gibt diese Erkrankung immer noch viele Rätsel auf. Die verschiedenen Ursachen, Krankheitsgrade und -verläufe machen die Rehe scheinbar unberechenbar und stellen Tiermediziner, Hufschmiede und Pferdehalter immer wieder vor eine große Herausforderung.

Trotz offener Fragen, existieren gesicherte Erkenntnisse zu den Ursachen der Hufrehe und den Vorgängen im Körper, sodass sich daraus für die Praxis nützliche Tipps zur Behandlung und Prophylaxe ableiten lassen.

Hufrehe ist nicht unbedingt ein Todesurteil. Doch auch der Umkehrschluss, dass jede Rehe heilbar ist, trifft nicht zu. Entscheidend für die Zukunft des Tieres ist, wie weit der Krankheitsprozess fortschreiten konnte, ob weitere Schübe folgen und ob dem Pferd eine Therapie zugemutet werden kann.

Dabei muss im Einzelfall entschieden werden, wie die Zukunft des Vierbeiners gestaltet werden soll: Rehebeschlag oder nicht, Weidegang, Futterrationen, Arbeitspensum usw. All dies wird sich erst nach einigen Wochen herauskristallisieren.

Was passiert im Huf?

Hufrehe ist eine entzündliche, schmerzhafte Erkrankung der Huflederhaut. Typisch ist die sägebockartige Entlastungshaltung des Pferdes. Aufgrund der Entzündung sind die Hufe sehr heiß, die Hufarterie pulsiert stark, und das Pferd bewegt sich ausgesprochen ungern.

In schlimmen Fällen kann sich das Hufhorn ablösen, man spricht dann vom Ausschuhen. Häufig kommt es auch zu einer Vorwärts-abwärts-Drehung des Hufbeins, die die Belastungsfähigkeit des Bewegungsapparates auf Dauer infrage stellt. Markant sind auch die nicht mehr parallel laufenden Ringe im Huf, häufig verbunden mit einer typischen Aufwärtsdrehung der Zehe zu einer Schnabelform.

Ursachen

Die Rehe ist eine komplexe Erkrankung, die den gesamten Körper betrifft und letztendlich im Huf sichtbar wird. Eine wichtige Rolle in dem Geschehen spielt der Magen-Darm-

Stoffwechselstörungen

Trakt des Pferdes. Heute gilt als gesichert, dass Kohlenhydrate und Bakteriengifte die Hauptrollen bei dem Auftreten von Hufrehe spielen.

Angeführt wird die Liste möglicher Ursachen von Stoffwechselstörungen des Dickdarms, wenn das Pferd plötzlich große Mengen Kohlenhydrate aufnimmt, ohne dass sich die Darmflora darauf einstellen konnte. Stärke- und zuckerspaltende Darmbakterien sterben dann ab. Bei diesem Vorgang werden Gifte freigesetzt, die über den Blutkreislauf in die Huflederhaut gelangen. Dort beginnen komplizierte Enzymreaktionen, die in der Konsequenz zu einer Drehung des Hufbeines und zu einer Ablösung der Hornkapsel führen können.

Als Auslöser kommen neben Vergiftungen durch Medikamente und Giftpflanzen auch Überbeanspruchungen des Hufes in Betracht. Bei Zuchtstuten kann zudem eine nach der Geburt nicht vollständig abgelöste und sich in der Gebärmutter zersetzende Nachgeburt Auslöser der sogenannten Nachgeburtsrehe sein.

Eine der häufigsten Formen ist jedoch die durch Fehler in der Rationsgestaltung, in der Futtermittelauswahl, der Zubereitung der Futtermittel oder durch fehlerhafte Fütterungstechnik verursachte Hufrehe.

Obwohl die Fütterungsrehe schon den alten Griechen als Gerstenkrankheit bekannt war, ist sie ein typisches Beispiel für falsche Erklärungen von richtig beobachteten Vorgängen. Bis in die heutige Zeit wird die Entstehung der Hufrehe immer wieder mit einer Überfütterung mit Eiweiß in Zusammenhang gebracht. Diese Meinung ist jedoch überholt.

Rehe-Symptome (Fütterungsrehe)

- Das Pferd steht stocksteif, sägebockartig und entlastet die Hufe durch Vorstrecken der Vorderbeine.
- Die Hufe fühlen sich heiß an und Sie können eine starke Pulsation der Hufarterie feststellen.
- Das Pferd bewegt sich ungern, weil jeder Schritt Schmerzen verursacht.

Sofortmaßnahmen:
- Kühlen Sie die Hufe sofort mit kaltem Wasser.
- Kein Kraftfutter anbieten.
- Keine Gerste, keinen Mais füttern.
- Nur kleine Mengen Heu und Stroh vorlegen.
- Weidegang sofort abbrechen.
- Biotinpräparate mit Methionin füttern.

Ein akuter Reheschub ist immer ein Notfall und muss schnellstmöglich durch einen Tierarzt behandelt werden!

Mitte der 70er-Jahre wurde Hufrehe experimentell durch in den Blinddarm eingeleitete Maisstärke ohne ein einziges Gramm Eiweiß ausgelöst.

Für den einzelnen Pferdehalter scheint es häufig mehr als rätselhaft, warum gerade sein Pferd von einer Rehe betroffen ist – wenn nicht gerade der Unfall in der Futterkammer offensichtlich ist. Andere Faktoren sind in-

Fütterungsbedingte Erkrankungen

zwischen in die Reihe der Verdächtigen aufgenommen und teilweise bereits überführt worden. Allen voran Fruktane.

Die häufigen Fälle von Hufrehe-Erkrankungen im Frühjahr sind daher wohl eher auf die hohen Fruktangehalte im jungen Weidegras zurückzuführen.

Fruktane sind langkettige Zuckerverbindungen (Polysaccharid), die von Gräsern als Energiespeicher genutzt werden, wenn Energie nicht gleich für das Wachstum verbraucht wird. Dies ist beispielsweise an einem kühlen, trockenen Sonnentag der Fall.

Die Fotosynthese läuft auf Hochtouren, doch es fehlt an Wasser oder es ist zu kühl, um reichlich Blattgrün zu entwickeln, wofür Energie verbraucht werden würde – die Rehegefahr steigt.

Seit Fruktane als ein Verursacher der Hufrehe definiert sind, wird klar, warum Pferde gerade im Frühjahr Hufrehe bekommen können: Auch an einem sonnigen, kühlen Frühjahrstag wird Fotosynthese betrieben, Fruktane gebildet und eingelagert, aber nicht verarbeitet, da die Vegetation sich nicht im Wachstum befindet.

Fruktane können im vorderen Teil des Verdauungssystems des Pferdes kaum verwertet werden, und so gelangen große Mengen in den Dickdarm. Die dortige Darmflora ist nicht auf die Verarbeitung dieses Überschusses eingerichtet.

Es kommt zu einer starken Vermehrung von unerwünschten milchsäurebildenden Bakterien, die die normale Darmflora verdrängen. Die erhöhte Milchsäurebildung führt zu einem noch stärkeren Abfall des pH-Wertes. Die Abbauprodukte dieser Bakterien führen

> **TIPP!**
>
> **So können Sie Hufrehe vorbeugen**
>
> - Immer viel Raufutter in Form von bestem Heu und Stroh verabreichen, bei reheanfälligen Pferden verzichten Sie auch besser auf Silage.
>
> - Mais und Gerste nur in geringen Mengen und am besten nur aufgeschlossen in Form von hydrothermisch behandelten Flocken bzw. Popcorn geben.
>
> - Die Stärkemenge darf max. 1,5 g/kg Körpergewicht betragen, d.h. 900 g Stärke bei einem 600-kg-Pferd/Tagesration.
>
> - Stärkereiche Futterrationen auf mehrere kleine Mahlzeiten aufteilen.
>
> - Füttern Sie Heu vor Kraftfutter, dadurch wird die Säurebildung im Dickdarm gehemmt.

zu einer Bildung von Histamin, die wiederum eine Kettenreaktion auslöst, an deren Ende ein akuter Reheschub stehen kann.

Im Prinzip kann jede plötzliche Futterumstellung zu einer Störung der Darmflora mit den gleichen fatalen Folgen führen.

Hohe Stärkemengen oder hohe Mengen an Fruktanen, die bei gleichzeitig niedrigem Rohfasergehalt unverdaut aus dem Dünndarm in den Blinddarm einfließen, lassen den pH-Wert bis auf Werte um 4 absinken. Der Darminhalt wird damit so sauer, dass die Darmbakterien absterben und die Darmschleimhaut

Stoffwechselstörungen

gereizt und geschädigt wird. Das Leichengift der abgestorbenen Bakterien verursacht die Bildung von Entzündungsfaktoren im Blut, die überall hingelangen und an der Huflederhaut die oben beschriebenen typischen Symptome auslösen.

Entstehung der Hufrehe

Beziehung zwischen Fütterung, Übersäuerung im Blinddarm, bakteriellen Erkrankungen und Hufrehe

Fütterung
zu viel Getreide, zu viel Stärke, Fruktane aus Weidegras, zu wenig Rohfaser oder Endophytengifte (Pilzgifte) aus Weidegras

Vermehrung der milchsäurebildenden Bakterien und übermäßige Milchsäureproduktion im Blinddarm (Acidose)
pH-Wert-Absenkung auf 4

Schädigung der Schleimhaut und Absterben natürlicher Darmbakterien

Freisetzen von Bakteriengiften (Leichengift abgestorbener Bakterien)

Bakterielle **Überbelastung**
Erkrankungen HISTAMIN

Gefäßverengung in den Kapillaren

Huflederhaut-Entzündung

Hufrehe

TIPP!

Fütterung zucker- und stärkereduzierter Rationen

Claus Zobel, Produkt- und Anwendungsberater

Bei Pferden, die rassebedingt nur geringe Mengen Kraftfutter bekommen dürfen sowie bei Pferden, die aufgrund drohender Hufreheproblematik nur wenig Kraftfutter erhalten sollen, empfehle ich, extrem zucker- und stärkereduzierte Rationen zu füttern.

Entsprechende Ergänzungsfuttermittel, die auf die Bedürfnisse von Pferden mit niedriger Stärketoleranz abgestimmt sind und bei hohem Rohfaseranteil einen niedrigen Stärke- und Zuckeranteil aufweisen, sind im Handel erhältlich.

Kleiner Tipp aus der Praxis: Da die oben beschriebenen Pferde aufgrund der geringen Kraftfuttermengen oft zu hastigem Fressen neigen, empfehle ich, dem Futter zusätzlich eine Handvoll Luzernehäcksel beizumischen. So können Sie die Futteraufnahmezeiten deutlich verlängern und die Gesundheit des Magen-Darm-Traktes Ihres Pferdes günstig beeinflussen.

Fütterungsbedingte Erkrankungen

Fütterung von Pferden mit Nierenschäden

Pferde mit Nierenschäden benötigen wenig Eiweiß und wenig Calcium.

Diätplan (600 kg Pferd)
- 3,0 kg Heu
- 1,0 kg Maisflocken (hydrothermisch behandelt)
- 0,6 kg Pflanzenöl
- 0,2 kg Leinschrot
- 3,0 kg Möhren
- 200 g Wirkstoffkonzentrat

Fütterung von Pferden mit Leberfunktionsstörung

Pferde mit einer Leberfunktionsstörung benötigen wenig Fett und wenig Eiweiß, aber eine hohe Eiweißqualität.

Diätplan (600 kg Pferd)
- 4,0 kg Heu
- 2,0 kg Gerstenflocken
- 3,0 kg Möhren
- 200 g Wirkstoffkonzentrat mit Bierhefe und Leinsamen

Nierenschäden

Bei Nierenschäden ist zu unterscheiden, ob hohe Eiweißverluste über die Nieren auftreten oder ob hohe Harnstoffwerte im Blutplasma auftreten. Im ersten Fall muss die Eiweißzufuhr über das Futter erhöht werden, wobei Sie leicht verdauliche und hochwertige Eiweißträger wie Sojaschrot oder Leinextraktionsschrot verabreichen müssen.

Im zweiten Fall mit den hohen Harnstoffwerten sollten Sie nur wenig Eiweiß füttern. Treten hohe Calciummengen im Blut auf, ist das für Pferde sehr gefährlich. Es kann zu einem lebensbedrohlichen Schock kommen. Alle calciumreichen Futtermittel wie Klee oder Luzerne, aber auch Mineralfutter sollten Sie dringend vermeiden.

Leberfunktionsstörungen

Bei Pferden mit Leberfunktionsstörungen ist ebenfalls eine eiweißarme Ration notwendig. Dabei müssen aber trotzdem die Grundbedürfnisse des Pferdes an den lebensnotwenigen Aminosäuren gedeckt sein. Daher gilt es auch hier, Eiweißträger mit hoher Proteinqualität einzusetzen. Um die Entgiftungsleistung der Leber nicht zu überfordern, sollten Sie die Futterration auf möglichst viele kleine Mahlzeiten aufteilen. Zusätzlich sollten Sie möglichst spät geschnittenes eiweißarmes Heu verabreichen. Außerdem müssen Sie dem leberkranken Pferd genügend Energie in Form von Kohlenhydraten zuführen. Ein vitaminreiches Wirkstoffkonzentrat mit aufgeschlossenem Mais sowie mit Bierhefe und Leinsamen hat sich als Ergänzung bewährt.

Grundsätzlich sollten Sie Diätpläne nur nach tierärztlicher Diagnose beziehungsweise in Absprache mit der jeweiligen Tierklinik befolgen. Keineswegs sollten Sie aufgrund von eigenen subjektiven Beobachtungen auf eigene Faust eine Therapie beginnen.

Stoffwechselstörungen

Gerade bei Erkrankungen wie Leber- und Nierenschäden, die nur nach eingehender Untersuchung und umfangreicher Labordiagnostik erkennbar sind, müssen sehr sorgfältig andere Krankheitsursachen ausgeschlossen werden. Jede weitere Störung des Allgemeinbefindens, die Sie bei einem erkrankten Pferd feststellen, sollten Sie Ihrem Tierarzt mitteilen.

Kreuzverschlag, Verschlag (Lumbago)

In der Zeit, als noch sehr viele Kaltblüter in der Landwirtschaft eingesetzt wurden, war diese Erkrankung recht häufig. Sie wurde auch als schwarze Harnwinde oder Feiertagskrankheit bezeichnet. Auch bei dieser Erkrankung erlag man dem großen Irrtum, dass es sich um eine eiweißbedingte Störung handele. In Wirklichkeit handelt es sich hier ebenfalls um eine durch Überfütterung mit Kohlenhydraten, also stärkereichen Futtermitteln, provozierte Erkrankung. Praktische Erfahrungen deuten auf ein erhöhtes Risiko bei sehr stark bemuskelten Pferden hin, die bei kalten Witterungsbedingungen plötzlich stark belastet werden. Offensichtlich müssen nicht immer hohe Gehalte an Milchsäure im Blut vorhanden sein, um diese Krankheitsbilder, wie Steifheit, verkrampfte Rücken- bzw. Kruppenmuskulatur, eventuell braun gefärbten Harn, auszulösen. Im Extremfall liegen die Pferde mit stark verkrampften Hinterbeinen auf dem Boden. Hohe CK-Werte im Blut deuten auf entsprechende Störungen im Muskelstoffwechsel hin. Pferde, die die oben genannten Symptome zeigen, dürfen nicht bewegt werden. Der Rücktransport zum Stall muss mit einem Hänger erfolgen, die Pferde sind einzudecken. Benachrichtigen Sie sofort den Tierarzt.

Es gibt offensichtlich Zuchtlinien, die anfälliger für diese Störungen sind. Zur Vorbeugung sollten Sie folgende Punkte beachten:

- Bei empfindlichen Pferden wenig Stärke, viel Heu anbieten.
- Bierhefe füttern, besonders, wenn Sie wenig Heu einsetzen.
- Auf gute Calcium- und Elektrolytversorgung achten.
- Ausreichende Versorgung mit Vitamin E und Selen sicherstellen.

Blutverfettung, Leberverfettung (Hyperlipidämie)

Besonders bei sehr üppig gehaltenen Ponys und Robustpferderassen auf der Weide kommt es im Herbst, wenn der erste Frost einsetzt und das Pflanzenwachstum sehr schnell zurückgeht, zu einem plötzlichen Energiemangel.

Der Körper mobilisiert in dieser Situation die Fettreserven des Körpers schneller, als er diese im Stoffwechsel verwerten kann. Es kommt zu einer Anreicherung von Fett in der Leber und im Blut. Besonders bei tragenden Kleinpferdestuten treten diese Probleme häufiger auf. Vermeiden Sie also besonders bei tragenden Ponystuten und bei sehr fetten Kleinpferden einen plötzlichen Nahrungsentzug. Füttern Sie bei Weidehaltung im Herbst energiereiche Futtermittel und Heu, wenn das Graswachstum sehr gering ist bzw. nach Frost völlig zum Erliegen kommt.

5
Fütterungsbedingte Erkrankungen

Sonnenbrand: Bei starker Sonnenbestrahlung können auch Pferde, besonders an sehr hellen Hautbereichen, einen Sonnenbrand bekommen.

Die Fütterung allergischer Pferde

Erwarten Sie in der Fütterung von allergischen Pferden keine Wunder. Oft besteht nur die Chance, dem Pferd möglichst allergenarme Fütterungs- und Haltungsbedingungen zu bieten. Bei Pferden mit Atemwegsproblemen wird der Zusammenhang mit den Allergie auslösenden Stoffen am leichtesten erkannt.

Sehr häufig handelt es sich hierbei um die Stoffwechselprodukte oder Bestandteile von Schimmelpilzen. Besonders die auf dem Milbenkot lebenden Pilzarten konnten experimentell als Auslöser von Atemwegsbeschwerden identifiziert werden.

Als vorbeugende Maßnahmen sind daher auch immer hygienische Gesichtspunkte zu beachten. Durch gründliche Reinigung der Futter-lager vor der Ernte, eine gute Reinigung des Getreides sowie durch ausreichende Trocknung und saubere Lagerung können Sie die Qualität deutlich beeinflussen. Das Gleiche gilt für die Ernte und die Lagerung von Heu und Stroh. Ist das Pferd trotz aller Vorsichtsmaßnahmen zum Stauballergiker geworden, hilft nur eine staubarme Haltung, im Sommer auf der Weide, ansonsten im Offenstall oder mindestens in einer Außenbox. Das Heu sollten Sie anfeuchten oder besser noch: Silage verwenden. Als Kraftfutter eignen sich am besten extrudierte Futtermittel, die keimfrei oder zumindest keimarm sind oder Pellets, die Sie zusätzlich zur Staubbindung mit Wasser anfeuchten bzw. einweichen.

Während des Einstreuens sollten Sie die Pferde grundsätzlich nicht in den Boxen belassen, um die Staubbelastung für die Atemwege nicht unnötig zu erhöhen. Etwa 20 Minuten nach dem Aufschütteln von Stroh haben sich die Staubpartikel aus der Luft wieder abgesetzt. Das Aufschütteln von Heu auf der Stallgasse sollten Sie unterlassen. Bei extrem staubempfindlichen Pferden bleibt nur die ernährungsphysiologisch ungünstige Lösung der Haltung auf Sägespänen. Beachten Sie hierbei besonders die Versorgung mit Raufutter in Form von Silage. Auch Heubriketts oder Luzernecobs, in denen strukturwirksame Anteile enthalten sind, können gegeben werden. Auf der Weide sind Stauballergiker schnell beschwerdefrei, wenn sie Tag und Nacht draußen bleiben.

Allergisch bedingte Hautekzeme

Beim Ekzempferd stellt sich die Situation im Vergleich zum Pferd mit Atemwegsproblemen genau entgegengesetzt dar. Hautekzeme treten besonders gehäuft im Sommer auf der Weide auf. In den meisten Fällen handelt es sich bei diesem Sommerekzem um eine allergische Reaktion auf Insekten, insbesondere Kriebelmücken. Besonders anfällig sind aus Island importierte Pferde. Neben einer erblichen Disposition werden auch Fütterungseinflüsse, wie Eiweißüberversorgung oder Zinkmangel diskutiert. Eine Erhöhung der Spurenelementgabe allein bringt aber keine positiven Effekte. Es ist im Gegenteil auch vor einer Spurenelementüberversorgung zu warnen. Behandlungsmaßnahmen durch den Tierarzt können Sie mit einer gezielten Diät unterstützen, die viel Heu enthält und eine bedarfsdeckende Zinkversorgung beinhaltet. Algenmineralfutter liefert leicht verfügbares Calcium und weitere Mikronährstoffe. Leinöl enthält Omega-3-Fettsäuren mit entzündungshemmender Wirkung. Die Rationskomponente Mais ist eher ungünstig zu beurteilen. Es gibt auch eine Reihe anderer Ursachen für Ekzeme, z.B. photosensibilisierende Pflanzeninhaltsstoffe. Das am Rand von Weiden im Sommer gelb blühende Johanniskraut kann von Pferden gefressen werden und führt dann zu erhöhter Lichtempfindlichkeit, vor allem an den weißen Hautstellen. Bei starker Sonnenbestrahlung kommt es dann zu einem regelrechten Sonnenbrand.

Extremer Zinkmangel kann ebenfalls Ursache von Ekzemen sein (Parakeratose). Bei Ekzemen, die in der Stallperiode auftreten, sollten Sie auch an einfache Kontaktallergien denken, z.B. durch Inhaltsstoffe von Pflegemitteln an Lederzeug, Satteldecken oder Gurten. Auch eine Pilzerkrankung oder eine durch Milben hervorgerufene Räude kann Ursache von Hauterkrankungen sein. Ziehen Sie hier in jedem Fall den Tierarzt zu Rate. Nur nach einer korrekten Diagnose können Sie die richtigen Maßnahmen einleiten.

Schädliche Inhalts- und Begleitstoffe

Die Gesundheit Ihres Pferdes kann durch schädliche Inhaltsstoffe in Futtermitteln bedroht sein. Kommt es zu plötzlichen schwerwiegenden Gesundheitsstörungen bei mehreren Pferden, so sind auch die Futtermittel in Betracht zu ziehen.

Sind mehrere Pferde in unmittelbarer Nachbarschaft betroffen, handelt es sich meist um ein Problem, das von Heu, Stroh oder Silage ausgeht, wie Schimmelnester in Ballen oder Ähnliches. Treten die Störungen bei sehr vielen Pferden in verschiedenen Bereichen des Stalles auf, kann es sich um Infektionskrankheiten oder auch Vergiftungen aus schädlichen Begleitstoffen des Kraftfutters handeln, wie Fusarientoxine aus Hafer und dergleichen.

Auch Vermischungen von Kraftfuttermitteln mit Futtermitteln für Mastbullen oder Geflügel können wegen der so genannten ionophoren Stoffe gesundheitsschädlich sein. Bei diesen, aber auch bei Verdacht auf Nitratvergiftungen sollten Sie die verdächtigen Futtermittel sofort absetzen und Futtermittel aus einer anderen Charge verwenden. Bei Losefutter im Silo können Sie kurzfristig auf Sackware umstellen, bis das Ergebnis einer Futtermitteluntersuchung vorliegt.

Fütterungsbedingte Erkrankungen

Toxine in Futtermitteln für Pferde

Toxine	Produzenten	Vorkommen
Ergotalkaloide	Claviceps purpurea (Mutterkornpilz)	Getreide, Gräser, evtl. auch Hafer, auf Gräsern, evtl. im Heu
Aflatoxine	Apergillus flavus (Schimmelpilze)	Importfuttermittel aus warmen Klimaten, evtl. hiesige Grundfuttermittel
Zearalenon	Fusarien (Feldpilze)	Mais u.a. Getreide, Maissilage
Ochratoxin	Aspergillen, Penicillen	Getreide, Grundfuttermittel
Fumonisin	Fusarium moniliforme	Getreide (Maisprodukte)
Satratoxin	Stachybotrys sp.	Stroh, Heu, Grünfutter
Botulismustoxin	Clostr. Botulinum	Grundfutter (evtl. Silage)
Endotoxine	Gramnegative Bakterien	in fast allen Futtermitteln

Quelle: KAMPHUES, FFP Tagung 1997

Schädliche Inhalts- und Begleitstoffe

Effekte mikrobiell gebildeter Toxine auf Gesundheit und Leistungsfähigkeit von Tieren

Toxine	Zielorgane, Wirkungen, sekundäre Effekte
Mutterkorntoxine (Ergotalkaloide)	Infolge Prolaktinantagonismus Milchdrüsenentwicklung und Milchbildung negativ beeinflusst
Aflatoxine	Nachteilige Beeinflussung der Leberfunktion, der körpereigenen Abwehr, unspezifische Vergiftungserscheinungen
Zearalenon	Störungen in der Funktion von Vorgängen am Ovar und Uterus (Fruchtbarkeitsstörungen)
Ochratoxin	Haupteffekte an der Niere, Funktionsstörungen mit der Folge von verstärkten Harnverlusten
Fumonisin	Gehirn (Erweichung der weißen Substanz), Equine Leukoenzephalomalazie, zentrale Störungen
Botulismustoxin	Mängel in der Erregungsübertragung, Lähmungserscheinungen u.ä., erhöhte Körpertemperatur, Kreislaufversagen, Respirationsstörungen

(mod. nach KAMPHUES 1997)

5 Fütterungsbedingte Erkrankungen

Giftpflanzen

Auf zu feuchten Wiesen in Flussauen gedeihen Giftpflanzen besonders gut. Vor allem spät geschnittenes Heu von Naturschutzflächen enthält häufiger für Pferde kritische Pflanzen. Beachten Sie, dass einige Pflanzen, die im frischen Zustand auf der Weide niemals vom Pferd gefressen würden, in gemähtem oder in trockenem Zustand durchaus aufgenommen werden. Nicht alle Giftstoffe werden bei der Trocknung abgebaut (zum Beispiel Gifte des Sumpfschachtelhalms und des Adlerfarns). Andere Giftstoffe, wie beispielsweise die des kriechenden Hahnenfuß werden zwar im Heu abgebaut, behalten aber ihre Giftigkeit in der Silage.

Eine Übersicht wichtiger Giftpflanzen sowie die Kontaktadresse zur Giftnotrufzentrale Zürich finden Sie im Anhang ab Seite 158.

> **TIPP!**
>
> **Vergiftungen vermeiden**
> - Binden Sie Ihr Pferd bei Ausritten nie an Hecken oder Büschen an.
> - Vermeiden Sie eine Begrünung von Reitanlagen mit gefährlichen Pflanzen, wie Buchsbaum, Eibe, Oleander oder Rhododendron.
> - Bekämpfen Sie Giftpflanzen auf Ihren Wiesen und Weiden!
>
> Falls Sie den Verdacht haben, dass Ihr Pferd giftige Pflanzen gefressen hat, verständigen Sie sofort den Tierarzt. Eine Probe der verdächtigen Pflanzen kann bei der Erkennung des Giftstoffes und zur Einleitung von Gegenmaßnahmen sehr hilfreich sein.

Welche diätetischen Futtermittel können sinnvoll sein?

Unter der Gruppe Diätfuttermittel hat der Gesetzgeber eine Reihe von Futtermitteln zusammengefasst, die für ganz bestimmte Ernährungszwecke vorgesehen sind.

Ihr Einsatzbereich und die Art ihrer Anwendung sind streng nach dem Futtermittelgesetz geregelt.

So ist zum Beispiel auch der Deklarationstext auf dem Sackanhänger genau vorgeschrieben. Über diese Deklarationsvorschrift hinausgehende Aussagen dürfen nur auf den Fütterungszweck hinweisen. Darüber hinaus dürfen keine Werbeaussagen zu gesundheitlichen Wirkungen gemacht werden.

Viele auf dem Markt befindliche Spezialprodukte sind eher überflüssig, in hohen Dosierungen eventuell sogar schädlich. Besondere Vorsicht ist immer dann geboten, wenn die Anpreisungen und Deklarationen auf dem Etikett nicht den gesetzlichen Vorgaben entsprechen. Reagieren Sie zurückhaltend, wenn gesundheitsbezogene Aussagen gemacht werden. Bei Sportpferden sollten Sie auch immer an die Gefahr des Dopings denken, wenn Sie Produkte mit unzulässigen oder unbekannten Komponenten verabreichen. Produkte wie zum Beispiel Teufelskralle können dopingrelevant sein. Aber auch Malzkeime oder Kakaoschalen haben zu Beanstandungen geführt.

Welche diätetischen Futtermittel können sinnvoll sein?

Elektrolytverluste bei übermäßigem Schwitzen müssen ausgeglichen werden.

Folgende Bereiche in der Pferdefütterung können über diätetische Maßnahmen sinnvoll beeinflusst werden:
- Ausgleich von Elektrolytverlusten bei übermäßigem Schwitzen
- Fütterung von Pferden mit Stoffwechselproblemen (Leber- oder Nierenschäden)
- Fütterung von Pferden mit Verdauungsstörungen (Dünndarm- oder Dickdarmprobleme)
- Fütterung von Pferden unter besonderen Stressbedingungen zur Minderung der Stressreaktionen
- Ausgleich von Elektrolytverlusten nach Durchfallerkrankungen bei Fohlen
- Fütterung von Pferden bei Rekonvaleszenz und Untergewicht

Diätfuttermittel sollten nur nach Absprache mit dem Tierarzt über einen längeren Zeitraum verabreicht werden.

TIPP!

Mash bei Turnierstress

Philipp Hartmann, Springreiter und Produktberater

Ich setze Mash vor allem in Phasen erhöhter Belastung und während der Turniere als leichtverdauliche, sehr schmackhafte Mahlzeit ein. Sie hält meine Pferde trotz Turnierstress am Fressen und stabilisiert ihre Verdauungsvorgänge.

Der Einsatz von Mash hilft, meine Pferde besser in Form zu bekommen, ihr Fell wird glatter und die Muskulatur entwickelt sich besser.

Zwei Rezepte

Mash-Rezept

30 % Weizenkleie und 60 % aufgeschlossene Gerstenflocken mischen, 10 % Leinschrot oder Leinsamen aufkochen und damit das Kleie-Gerstenflocken-Gemisch übergießen – abgekühlt verfüttern.

Gruel-Rezept

300 g grobes Hafermehl mit ca. 0,5 l kaltem Wasser anrühren, ca. 0,5 Stunde quellen lassen, danach mit ca. 1–2 l heißem Wasser übergießen und handwarm verabreichen.

Nutzen und Risiken von Kräutern in der Pferdefütterung

Svenja Röttger, Tierheilpraktikerin (ATM) mit Spezialisierung auf Phytotherapie und Homöopathie

Nicht nur in der Pferdefütterung befassen wir uns mit den Wirkungsweisen von Pflanzen. Kräuter und ihre Anwendungsmöglichkeiten begegnen uns tagtäglich. Neben dem Einsatz als Genussmittel, wie zum Beispiel als Tee oder Gewürz in der menschlichen Ernährung, interessieren sich Reiter und Pferdehalter insbesondere für die Wirkungsweisen auf den Organismus und den Gesundheitsstatus ihres Pferdes.

Kräuter oder besser gesagt Heilpflanzen sind in ihren Wirkungsspektren immer noch umstritten und oft nicht wissenschaftlich belegt. Die Nutzung einzelner Pflanzen in der Heilkunde erstreckt sich jedoch häufig über Jahrtausende und beruht auf Erfahrungswerten.

In der Pferdefütterung ist eine Vielzahl von Pflanzen beliebt, um wichtige Stoffwechselfunktionen zu beeinflussen, den Körper zu entgiften oder gezielt die Atemwege zu unterstützen. In Abhängigkeit der verwendeten Pflanzenbestandteile, Konzentration und Kombination der Pflanzen reicht das Spektrum von schwacher Wirkung über positive Effekte bis hin zu negativen Auswirkungen. Aus diesem Grund werden Pflanzenbestandteile in der Kräuterheilkunde nach ihrem Wirkstoffgehalt ausgesucht und mit anderen Pflanzenarten kombiniert, um so die gewünschte Wirkung positiv zu verstärken. In der Regel besteht eine Rezeptur aus drei bis fünf Pflanzen, wobei die Anwendung als Kur erfolgt.

Vorsicht geboten ist bei dem dauerhaften Einsatz von konzentrierten Pflanzenextrakten oder ätherischen Ölen. Aufgrund des hohen Wirkstoffgehaltes reagiert der Körper bei langfristiger Anwendung nicht mehr in der gewünschten Weise oder kann sogar Allergien bzw. Stoffwechselstörungen entwickeln.

Fazit

Das Fazit für die Pferdefütterung lautet: Kräuter lieber in Form von Supplements gezielt der Ration zufügen und bei Müsli oder Pellets darauf achten, dass getrocknete Kräuter enthalten sind und der Anteil ätherischer Öle nicht zu hoch ist.

Welche diätetischen Futtermittel können sinnvoll sein?

Häufig verwendete Spezialfuttermittel und Futterergänzungspräparate sowie Diätfuttermittel mit Sonderwirkung

Futtermittel	Inhaltsstoffe	Verwendungszweck
Elektrolytpräparate	Elektrolyte (Na, Cl)	Ausgleich von Elektrolytverlusten
Carotinpräparate	ß-Carotin	Stimulation der Fruchtbarkeit
Biotinpräparate	Biotin, Zink, Methionin	Verbesserung der Huf- und Fellbeschaffenheit
Magnesiumpräparate	Magnesiumverbindungen	Stressdämpfung
Glykosaminoglykane-Präparate	Glykosaminoglykane	Liefern Grundstoffe des Bindegewebes (Sehnen, Bänder und Gelenkknorpel)
Kräutermischungen (z.B. Brennnessel, Bockshornklee, Wacholderbeere, Rosmarin)	Verschiedene Pflanzeninhaltsstoffe	Verdauungsfördernd, positive Wirkung auf die Atemwege
Vitamin-E-Präparate	Verschiedene Tocopherole, evtl. zusätzlich Selen	Günstige Wirkung auf Muskelstoffwechsel, Schutz der ungesättigten Fettsäuren vor Oxidation

5 Fütterungsbedingte Erkrankungen

Fütterung und Leistungsfähigkeit

Die Ernährung stellt notwendige Nährstoffe zur Verfügung und steht in enger Verbindung zur Leistungsfähigkeit.

Die Fütterung von Gerste und Mais in unaufgeschlossener Form mindert beispielsweise die Leistungsfähigkeit, da die enthaltene **Energie** aus der schlecht dünndarmverdaulichen Stärke nur auf Umwegen genutzt werden kann. Zusätzlich entsteht mehr Wärme bei der Arbeit. Die Folge: Die Pferde schwitzen schneller und ermüden früher. Der Einsatz hochaufgeschlossener Getreidekomponenten sowie die Zugabe von Pflanzenöl fördern dagegen Leistungsbereitschaft und -fähigkeit.

Dipl. Ing. agr. Olaf Krause

Auch verschiedene **Vitamine** haben direkten Einfluss auf die Leistungsfähigkeit des Pferdes. Beispielsweise steigt der Vitamin-E-Bedarf mit der Leistungsintensität. Unterversorgte Pferde zeigen sich im Training steif und unwillig. Behebt man eine solche Mangelsituation, sind deutliche Leistungssteigerungen zu beobachten.

Proteine sind Baustoff für verschiedene Gewebe des Körpers, so auch für die Muskulatur. Steht dem Pferd zu wenig hochverdauliches Protein zur Verfügung, führt dies zu Defiziten. Dann kann der Muskelaufbau auch nicht durch gutes Training gefördert werden.

Doping und Dopingprävention

Es gibt Komponenten, die über die Möglichkeiten der Ernährung hinaus die Leistungsfähigkeit des Pferdes beeinflussen. Geschieht dies, sprechen wir von Doping. Doping ist die nicht regelkonforme Leistungsbeeinflussung von Athleten. Die Aufstellung von Regeln für den Wettkampf ist Aufgabe des verantwortlichen Sportverbandes. Für den Pferdesport ist das die FN (Deutsche Reiterliche Vereinigung) neben Dachverbänden anderer Pferdesportdisziplinen.

Vorbeugende Maßnahmen gegen Doping sind ein Gebot des Tierschutzes und wichtig, um den Sport fair zu gestalten. Der Tierschutzaspekt unterscheidet die Dopingprävention im Pferdesport von Präventionsmaßnahmen in anderen Sportarten. Als stiller Partner im Sport kann das Pferd nicht entscheiden, ob es mit einer vermeintlich harmlosen Blessur und der Gabe eines leichten Schmerzmittels an einer Prüfung oder einem Wettkampf teilnehmen kann. Daher gelten für Pferde deutlich restriktivere Regeln als für den Humansport.

Spätestens seit den Olympischen Spielen von Hongkong 2008 wissen wir, dass es nicht nur über Arzneimittel möglich ist, Pferde zu dopen. Auch als Pflegemittel deklarierte Produkte können Substanzen enthalten, die sich während des Wettkampfes nicht im oder am Pferd befinden dürfen, wie beispielsweise im Fall der positiv auf Capsaicin getesteten Pferde.

Capsaicin ist eine Substanz, die aus Pflanzen der Familie der Paprika gewonnen wird und zum Beispiel der Chilischote ihre Schärfe verleiht. Bekannt ist der Einsatz von

Capsaicin in Form von Wärmepflastern. Durch die starke Anregung der Durchblutung sollen Rückenschmerzen und Verspannungen gelindert werden.

Da die zur Verfügung stehenden Analysemethoden hoch entwickelt sind, lässt sich genau bestimmen, ob eine Substanz über das Futter aufgenommen wurde oder die Anwendung äußerlich erfolgte. Fairerweise werden ätherische Öle, wie in Fliegensprays verwendet, anders behandelt als solche, die über das Futter verabreicht werden, um beispielsweise eine Erkrankung der Atemwege zu lindern.

Einige Komponenten und deren Dopingrelevanz

Komponente — **Enthaltene dopingrelevante Substanz**

Kakao, Schokolade, Kakaobohnenschalen — *Theobromin*

Diese Substanz kommt in Kakao, Kolabäumen und Teepflanzen sowie in Produkten, die solche Komponenten enthalten. Theobromin hat anregende Wirkung und wird daher zur Gruppe der Stimulanzien gezählt. Der Nachweis führt zu einem positiven Dopingbefund.

Luzerne, Weidenrinde, Mädesüß — *Salizylsäure*

Wirkt schmerzlindernd, entzündungshemmend und blutverdünnend. Die Menge der in Luzerne enthaltenen Salizylsäure ist so gering, dass mit der Verwendung von Luzerne als Futtermittel kein positiver Dopingbefund entsteht. Für Salizylsäure gibt es einen von der FN veröffentlichten Grenzwert, wird dieser überschritten, stammt die Salizylsäure (zusätzlich zur Luzerne) aus anderen Quellen.

Reiskeimöl, Reis-Nach- und Nebenprodukte — *Gamma-Oryzanol*

Ist im Turniersport (FN) nicht erlaubt, da diese Substanz eine muskelaufbauende (anabole) Wirkung hat. Der Einsatz von Reiskeimöl oder Reisprodukten kann in Aufbauphasen sehr sinnvoll sein, es sollten aber die Karenzzeiten strikt eingehalten werden.

Teufelskralle — *Unter anderem: Harpagoside*

Teufelskralle ist futtermittelrechtlich nicht erfasst und sollte daher in keinem Futtermittel der EU vorkommen. Dopingrelevant ist die Pflanze, da die enthaltenen Inhaltsstoffe schmerzstillend und entzündungshemmend wirken.

L-Tryptophan — *Bufotenin*

Hat eine beruhigende Wirkung. L-Tryptophan ist eine Aminosäure, die in vielen Pflanzen vorkommt. Die FN stuft beispielsweise Produkte, denen L-Tryptophan zugesetzt wurde, als nicht ADMR-konform ein. Der natürliche Gehalt von Futtermitteln ist nach dieser Einordnung unproblematisch.

Diese Aufstellung bietet lediglich einen kleinen Einblick in mögliche dopingrelevante Pflanzen, Pflanzenteile oder deren Produkte. Auf Basis der in Futtermitteln verarbeiteten Komponenten lässt sich mit großer Sicherheit einschätzen, ob ein Produkt ADMR-konform ist oder nicht. Aktuelle Informationen hierzu hält die FN auf ihrer Website: www.pferd-aktuell.de unter Rubrik **Fairer Sport** bereit.

5 Fütterungsbedingte Erkrankungen

Fütterungskontrolle

Wie kann ich den Erfolg der Fütterung überprüfen?

Sehr oft heißt es: Das Auge des Herrn macht das Vieh fett. Natürlich muss man mit dem Auge füttern. Regelmäßige Kontrolle der Fütterung sowie die Überprüfung der Leistungsfähigkeit des Pferdes geben entscheidende Hinweise. Beobachten Sie Ihr Pferd täglich genau. Ein wichtiges Kriterium ist das Gewicht des Pferdes bzw. die Gewichtsentwicklung des wachsenden Pferdes.

Ein Wiegen des Pferdes kann bei vertretbarem Aufwand eine objektive Grundlage für die Rationsberechnung und den Erfolg von Fütterungsmaßnahmen bieten. Mit noch weniger Aufwand kann mit hinreichender Genauigkeit mit der im Abschnitt Bedarfsermittlung genannten Schätzformel aus Brustumfang und Körperlänge das Gewicht des Pferdes errechnet werden. Darüber hinaus bieten bestimmte Körpermerkmale deutliche Hinweise für die Kondition des Pferdes. Hierzu gibt es verschiedene Systeme, die aufgrund von abgestuften Merkmalen eine vergleichende Beurteilung von Pferden ermöglichen.

Die nachfolgende Tabelle (Seite 154) zeigt ein solches System der Beurteilung des Futterzustandes in Form einer neunstufigen Skala, wobei die Stufe 1 ein total ausgezehrtes Pferd und die Stufe 9 ein völlig verfettetes Pferd beschreibt. Die Stufen 4 bis 6 kennzeichnen Pferde im Normalzustand. Die Stufe 7 ist für Pferde in Schaukondition für einige Zeit zu tolerieren.

Nach dem Motto: Man darf die Rippen fühlen aber nicht sehen, haben sich bereits Pferdekenner früherer Zeiten hierzu Gedanken gemacht. Wenn Sie selbst der Reiter Ihres Pferdes sind, bemerken Sie am schnellsten, ob Ihr Pferd fit und leistungsbereit ist. Fellglanz und gesundes Hufhorn sind recht gute Indikatoren für eine gute Fütterung. Ist das Pferd stumpf im Fell, sind die Hufe bröckelig oder sind markante Ringe im Hufhorn zu sehen, so deutet dies auf Probleme in der Fütterung hin. Sind die Ringe im Huf parallel, so ist dies ein deutliches Warnzeichen dafür, dass Sie wahrscheinlich zu krasse Futterwechsel vorgenommen haben. Sind diese Ringe nicht mehr parallel und zeigt der Huf auffällige Verformungen, so deutet dies auf schwerwiegende Mängel in der Fütterung hin.

Wie kann man jedoch schneller als über diese groben Anhaltspunkte zu einer besseren Kontrolle der Fütterung kommen? Blutuntersuchungen werden meist überschätzt. Das Blut ist in erster Linie lediglich ein Transportmittel, und Gehalte an bestimmten Inhaltsstoffen sagen wenig über die tatsächliche Versorgung aus, da diese Inhaltsstoffe in verschiedenen Organen, wie Milz oder Leber, gespeichert werden. Andere Inhaltsstoffe, wie zum Beispiel Calcium, werden in engen Grenzen unabhängig von der Versorgung streng reguliert. Bei Calciummangel wird Calcium an das Blut abgegeben, bei hoher Aufnahme über die Nahrung wird eventuell mehr Calcium in den Knochen eingelagert.

Der Calciumspiegel im Blut selbst bleibt fast konstant und ist kein Kriterium für eine Unter- oder Überversorgung. Leider kommt es in der Praxis hierbei immer wieder zu Fehlinterpretationen. Einige Enzyme können Aufschluss über Stoffwechselprobleme ge-

5 Fütterungskontrolle

Sehr mager

Idealzustand

Zu fett

ben. Auch für die Eiweißversorgung ist der Gehalt im Blut kein guter Messwert. Hohe Harnstoffwerte können sowohl bei einer Überversorgung als auch bei einer Unterversorgung mit Eiweiß auftreten. Die Gehalte an vielen Inhaltsstoffen schwanken sehr stark in Abhängigkeit vom Zeitpunkt der Blutprobennahme. Es hat immer Versuche gegeben, aus den Blutinhaltsstoffen auf die Versorgungslage mit Nährstoffen zu schließen.

Nur wenige Stoffe sind jedoch wirklich aussagefähig. Noch schwieriger ist es, aufgrund von Blutwerten auf die Leistungsfähigkeit von Pferden zu schließen. Voraussagen zum Beispiel zur Rennleistung haben in der Praxis häufig eher zu allgemeiner Erheiterung beigetragen. Ein namhafter Vollbluttrainer machte mich immer wieder auf Pferde aufmerksam, bei denen Wissenschaftler geringe Erfolgschancen im Rennen prognostiziert hatten, deren Siege die Theoretiker dann Lügen straften. Viele Blutinhaltsstoffe können Hinweise zu möglichen Erkrankungen geben, erhöhte Blutwerte allein geben allerdings noch keine Sicherheit. Häufig werden Veränderungen oder Abweichungen vom Normalbereich auch von Tierärzten überbewertet oder völlig falsch interpretiert. Für die Beurteilung von Pferden im Normalbereich sind die Reaktionen der Stoffwechsel-Parameter auch zu gering, als dass man Schlüsse auf die praktische Fütterung ziehen könnte. Ein weiteres Problem sind auch fehlerhafte Lagerung und Behandlung der Blutproben. Niedrige Glukosewerte und hohe Kaliumwerte deuten auf eine zum Zeitpunkt der Untersuchung schon überalterte oder falsch gelagerte Blutprobe hin.

Für viele Stoffe ist die Untersuchung im Harn wesentlich aufschlussreicher. Dies trifft insbesondere auf Calcium, Phosphor, Natrium und Kalium zu. Allerdings ist es unter Praxisbedingungen wesentlich schwieriger, Harnproben zu gewinnen als Blutproben zu entnehmen. Der Informationswert der Blutproben steht aber häufig in keinem vernünftigen Verhältnis zu den Kosten. Für die Beurteilung der Versorgung mit Spurenelementen wurde die Haaranalyse propagiert. Diese liefert allerdings nur eine grobe Einschätzung der Versorgung der letzten Wochen und Monate, oft ist es viel sinnvoller, zunächst Futteruntersu-

5 Fütterungsbedingte Erkrankungen

Beschreibung des Ernährungszustandes nach sicht- und fühlbaren Erscheinungsmerkmalen im Rahmen der Körperkonditionsbeurteilung Body condition score (BCS)

Grad	Benennung	Sichtbare und fühlbare Erscheinung
1	extrem ausgezehrt	extreme Auszehrung: Wirbelsäule, Rippen, Schweifansatz, Hüft- und Sitzbeinhöhe treten deutlich hervor; auch Widerrist, Schultern und Nacken treten deutlich hervor; kein Fettgewebe fühlbar.
2	ausgezehrt, sehr mager	Auszehrung: leichter Fettüberzug über den Dornfortsätzen; Abrundung über den Seitenfortsätzen der Lendenwirbel; Wirbelsäule, Rippen, Schweifansatz, Hüft- und Sitzbeinhöcker treten noch hervor; Skelettstruktur des Widerrists, der Schultern und des Nackens sichtbar.
3	abgemagert	Dornfortsätze der Wirbelsäule teilweise mit Fett abgedeckt, aber noch sichtbar; Seitenfortsätze der Wirbelkörper nicht fühlbar; leichter Fettüberzug über den Rippen; der Schweifansatz tritt deutlich hervor; Sitzbeinhöcker nicht sichtbar; Widerrist, Schultern und Nacken treten noch hervor.
4	geringfügig mager	Nur leichte Kammbildung über dem Rücken; Rippenkonturen sichtbar; fühlbare Fettauflagerungen am Schweifansatz; die Hüftbeinhöcker sind nicht zu sehen; Knochen von Widerrist, Schultern und Nacken sind nicht hervorgetreten.
5	moderat, durchschnittlich	Flacher Rücken; Rippen nicht erkennbar, jedoch fühlbar; lockeres Fettgewebe um den Schweifansatz; abgerundeter Widerrist.
6	mäßig fleischig, dick	Rückenpartie leicht gebogen; lockere Fettabdeckung über den Rippen, Fettablagerungen seitlich des Widerristes, hinter den Schultern und entlang des Nackens.
7	fleischig, dick und rund	Rückenpartie gebogen; einzelne Rippen fühlbar, Fettablagerungen zwischen den Rippen; weiches Fettgewebe am Schweifansatz; Fettpolster entlang des Widerristes, hinter den Schultern und dem Nacken.
8	fett, deutlich aufgespeckt	Biegung der Rückenpartie; Rippen schwer fühlbar; sehr weiches Fettgewebe um den Schweifansatz; die Partie um den Widerrist ist mit Fett abgedeckt; deutliche Verdickung des Nackens; Fettauflagerungen an den Innenschenkeln.
9	stark verfettet	Sichtbare Biegung der Rückenpartie; ungleichmäßige Fettauflagerung über den Rippen; Anfüllung des Schweifansatzes mit Fett sowie entlang des Widerristes, des Nackens und hinter den Schultern; die Fettpolster der Innenschenkel reiben aneinander; die Flanke ist mit Fett aufgefüllt.

Fütterungskontrolle

Für eine gezielte Rationsberechnung sind genaue Informationen über die Zusammensetzung der einzelnen Futtermittel und -komponenten notwendig.

chungen zu machen und Rationskalkulationen anzustellen. Selbst eine grobe Rationskalkulation gibt schon wertvolle Hinweise auf die Ausgewogenheit der Nährstoffversorgung.

Vor allem bei großen Beständen sollten immer Analysen der Nährstoffe durchgeführt werden, weil Sie dann auf die individuelle Situation Ihres Betriebes durch gezielt angepasste Ergänzungsfütterung mit Kraftfutter oder Mineralfutter reagieren können. Bei kleinen Futtermengen steht das Ergebnis oft allerdings erst nach der Verfütterung der betreffenden Futtercharge zur Verfügung.

Wie und wo kann ich die Qualität von Futtermitteln überprüfen?

Wenn Sie eine gezielte Rationsgestaltung vornehmen wollen, müssen Sie wissen, wie die Futtermittel zusammengesetzt sind. Tabellenwerte sind Durchschnittswerte und bieten nur eine grobe Einschätzung der Futtermittel. Viel sicherer und genauer sind natürlich Futtermitteluntersuchungen im Labor. Die Kosten dafür sind je nach Untersuchungsumfang beträchtlich.

Außerdem lohnt der Aufwand für kleine Futtermengen bei wenigen Pferden oft nicht. Wenn Sie Analysen durchführen lassen, untersuchen Sie zuerst die Futtermittel, die starken natürlichen Schwankungen unterliegen. Diese sind in Abhängigkeit vom jeweiligen Standort, von der Düngung, von der Bodenqualität, vom Witterungs- und Wachstumsverlauf bei Heu und Silage am größten. Außerdem machen diese Futtermittel je nach Rationstyp 60–70 % der Ration aus. Am einfachsten können Sie den Wassergehalt bestimmen. Die Gehalte an Rohprotein, Rohfaser und Rohasche sowie Rohfett können Sie in einem Labor der im Anhang ab Seite 163 aufgeführten Beratungsstellen untersuchen lassen (www.vdlufa.de). Hier erhalten Sie auch Informationen über die möglichen Hygieneuntersuchungen. Wichtig ist eine sachgerechte Probeentnahme, die eine repräsentative Untersuchung erst ermöglicht.

5 Fütterungsbedingte Erkrankungen

Möglichkeiten zur Beurteilung der Nährstoffversorgung aus Blutinhaltsstoffen

Untersuchungsparameter für die Aussagefähigkeit im Blut bei:

		knapper Versorgung	Überversorgung
Eiweiß	Gesamteiweiß	x	x
	Albumin	x	
	Harnstoff	x	x
Calcium	Ca	ungeeignet	bedingt geeignet
Phosphor	P	ungeeignet	ungeeignet
Magnesium	Mg	x	x
Natrium	Na	ungeeignet	ungeeignet
Kalium	K	ungeeignet	ungeeignet
Kupfer	Cu	x	ungeeignet
Zink	Zn	x	ungeeignet
Selen	Se	x	ungeeignet

x = Beurteilung der Versorgungslage möglich

Blutinhaltsstoffe sagen häufig wenig über die aktuelle Versorgungslage aus, da das Blut in erster Linie ein Transportmedium ist. In Abhängigkeit vom Zeitpunkt der Blutprobenentnahme können die Gehalte einzelner Stoffe schwanken, andere, wie zum Beispiel Calcium werden streng reguliert. Eine verbesserte Aussagekraft ergibt sich bei gleichzeitiger Betrachtung der über den Harn ausgeschiedenen Mengen.

Zusammenfassung

Fütterung kann ein Pferd nicht besser machen, aber das in einem Pferd steckende Potenzial kann durch gezielte Fütterung optimal ausgeschöpft werden.

- Denken Sie immer daran, dass das Pferd als typisches Weidetier einen hohen Bedarf an grob strukturiertem Raufutter hat.
- Die Korrektur von Rationen bei Fütterungsproblemen muss immer zuerst bei Heu, Stroh und Silage ansetzen.
- Stellen Sie höchste Ansprüche an die Qualität der Futtermittel.
- Passen Sie die Kraftfuttergaben konsequent an die Leistung Ihres Pferdes an und berücksichtigen Sie die individuellen Besonderheiten, wie Futterverwertungstyp, Rasse und Alter.
- Verfahren Sie bei Präparaten zur Futterergänzung nicht nach dem Gesichtspunkt viel hilft viel, sondern dosieren Sie möglichst genau, denn auch eine Überversorgung kann schädlich sein.
- Vermeiden Sie Stress bei Ihren Pferden und halten Sie Ihre Pferde artgerecht.

Fütterung ist zwar ein wichtiger Faktor, aber auch Haltung, Bewegung und Training sind entscheidend für die Gesundheit und Leistungsfähigkeit Ihres Pferdes.

Pferde vernünftig zu halten und zu füttern, ist gar nicht so schwer, wenn Sie die natürlichen, artgemäßen Anforderungen des Pferdes berücksichtigen.

Überdenken Sie althergebrachte Fütterungsmethoden. Nicht alles, was schon immer so gemacht wurde, muss richtig sein. Genau so gilt jedoch auch, dass nicht jede Neuheit eine Verbesserung sein muss.

Wenn Ihr Pferd auch mit 20 Jahren noch gesund und leistungsbereit ist, haben Sie sicher vieles richtig gemacht, vor allem, wenn Sie den Tierarzt nur benötigen, um Impfungen durchzuführen oder Wurmkuren zu verabreichen. Wenn Sie wichtige Grundsätze dieses Buches beherzigen, sollte es noch mehr gesunde junge und alte Pferde geben.

6 Anhang

Einige für Pferde giftige Pflanzen im Überblick

Adlerfarn (Pteridium aquilinum)

Vorkommen: Waldränder, lichte Wälder und Kahlschläge sowie auf vernachlässigten Weiden.

Giftige Pflanzenteile: gesamte Pflanze, höchster Wirkstoffgehalt in jungen Blättern.

Wirkung des Gifts: Störungen des Zentralen Nervensystems, gestörter Bewegungsablauf sowie motorische Störungen. Zu weiteren Symptomen zählen: blutige Diarrhöe, Nierenschäden und Blutharn.

Gefährliche Dosis: ●●● sehr stark giftig, tödliche Dosis: 2–3 kg Adlerfarn pro Tag über einen Zeitraum von 30 Tagen.

Achtung: Adlerfarn ist auch getrocknet noch giftig (Heu!).

Akazie, falsche (Robinia pseudoacacia)

Vorkommen: Gärten, Alleen, aber auch verwildert an Bahndämmen, Gebüschen und trockenen Wälder.

Giftige Pflanzenteile: ganze Pflanze, besonders Rinde und Früchte.

Wirkung des Gifts: Bei geringer Giftmenge (ca. 70 g Rinde) stehen Magen-Darm-Probleme, bei größeren Giftmengen (ca. 100 g Rinde) Störungen des zentralen Nervensystems im Vordergrund. Bei langsamem Vergiftungsverlauf kann es zu Hufrehe kommen.

Gefährliche Dosis: ●● stark giftig; tödliche Dosis: 150 g Rinde

Buchsbaum, gewöhnlicher (Buxus sempervirens)

Vorkommen: als Zierstrauch oder Hecke

Giftige Pflanzenteile: alle, vor allem Blätter, Rinde und Früchte. Buchsbaum enthält ca. 70 verschiedene Steroidalkaloide.

Wirkung des Gifts: Gifte wirken auf den Magen-Darm-Trakt sowie das Zentrale Nervensystem. Sie haben erst erregende, dann lähmende Wirkung. Weitere Anzeichen: Benommenheit, schwankender Gang, Krämpfe sowie Koliksymptome. Der Tod tritt durch Herz- und Atemstillstand ein.

Gefährliche Dosis: ●● stark giftig; 750 g wirken tödlich

Giftpflanzen

Buschwindröschen (Anemone nemorosa)

Vorkommen: Laubwälder, Gebüsche und Wiesen

Giftige Pflanzenteile: gesamte Pflanze; höchster Giftgehalt während der Blüte

Wirkung des Gifts: Schleimhautreizungen, Entzündungen im Magen-Darm-Trakt. Symptome: Durchfall, Krämpfe, Kolik, blutiger Urin und Nierenschädigung.

Gefährliche Dosis: ●giftig; tödliche Dosis beim Pferd nicht bekannt; Todesfälle sind selten.

Eibe (Taxus baccata)

Vorkommen: in Laubmischwäldern in lichten, halbschattigen Lagen. Außerdem als Zierstrauch oder- baum.

Giftige Pflanzenteile: alle, bis auf den Samenmantel, vor allem die Nadeln. Die höchste Giftkonzentration findet sich im Januar in den alten gelben Nadeln, der niedrigste im frischen Grün im Mai.

Wirkung des Gifts: auf Herz-Kreislaufsystem sowie auf das Zentrale Nervensystem. Aufnahme großer Mengen führt schnell zu Herz- und Atemlähmung. Symptome: starke Koliken, starker Speichelfluss und Schaum im Maulbereich, Blutdruckabfall, Zittern, Durchfall oder Verstopfung sowie Blasen- und Nierenschädigung. Anfangs starker Harndrang, später nur noch tröpfelnder Harnabsatz. Krämpfe, Schwanken und Schwäche folgen, letztendlich kommt es zum Zusammenbruch und Tod durch Atem- und Herzlähmung.

Gefährliche Dosis: ●●● sehr stark giftig; tödliche Dosis: 100–200 g Nadeln, 500 g der jungen Spitzen. Tod kann bereits fünf Minuten nach Aufnahme eintreten.

Blauer Eisenhut (Aconitum napellus)

Vorkommen: feuchte Weiden, Bachufer und höhere Berglagen; auch als Gartenpflanze und Schnittblume.

Giftige Pflanzenteile: gesamte Pflanze, besonders Wurzelknollen und Samen.

Wirkung des Gifts: Aufgenommen wird das Gift über Schleimhäute und Haut. Vergiftungen äußern sich in: Erregung, Unruhe, Durchfall, Krämpfen, Herzrhythmusstörungen und Lähmungen. Tod durch Atemlähmung oder Kreislaufversagen.

Gefährliche Dosis: ●●● sehr stark giftig; wenige Gramm sind gefährlich, tödliche Dosis beim Pferd: 200–400g frische Pflanzenteile oder 350 g getrocknete Wurzelknolle.

6 Anhang

Fingerhut (Digitalis spec.)
Vorkommen: lichte Wälder, Waldränder, Kahlschläge und sonnige Berghänge. Roter Fingerhut häufig auch als Zierpflanze in Gärten.

Giftige Pflanzenteile: alle Pflanzenteile, auch getrocknet.

Wirkung des Gifts: Benommenheit, Schwitzen, unregelmäßige Atmung, Zittern, Durchfall, häufiges Harnen, Verlangsamung des Herzschlags, gefolgt von lauten Herztönen und Herzrhythmusstörungen. Tod durch Herzstillstand.

Gefährliche Dosis: ●●● sehr stark giftig, tödliche Dosis bei 25 g getrockneten und 100–200 g frischen Blätter.

Achtung: Fingerhut ist auch getrocknet noch giftig (Heu!).

Gemeiner Goldregen (Laburnum anagyroides)
Vorkommen: in Gärten und Parks

Giftige Pflanzenteile: ganze Pflanze, höchste Giftkonzentration im Spätherbst in ausgereiften Samen. Wirkstoffe auch in getrocknetem Zustand der Pflanze erhalten.

Wirkung des Gifts: Erregung, Schweißausbruch, Zittern, Hypertonie, später Lähmungen, Krämpfe, Kolik, Koma. Tod durch Atemstillstand.

Gefährliche Dosis: ●●● sehr stark giftig, tödliche Dosis: 200–300 g Samen oder 500 g Rinde

Hahnenfußgewächse
Vorkommen: Wiesen, Weiden, Grasflächen, Wegränder

Giftige Pflanzenteile: alle, besonders die Wurzeln

Wirkung des Gifts: Speichelfluss, Reizung des Magen-Darm-Kanals under der Nieren, Durchfall, Herzschwäche

Gefährliche Dosis: ● giftig; auch in Silage, in getrocknetem Zustand ungiftig.

Achtung: Alle Hahnenfußgewächse sind für Pferde giftig. Da die Vielfalt groß ist und die Unterscheidungsmerkmale oft gering sind, gilt für Laien als Orientierung: Alles, was im Frühjahr gelb blüht und kein Krokus ist, gehört in die Gruppe der Hahnenfußgewächse, z.B. Sumpfdotterblume, Scharbockskraut und Winterling.

Giftpflanzen

Herbst-Zeitlose (Colchicum autumnale)

Vorkommen: feuchte Wiesen und Weiden, Auenwälder; auch als Zierpflanze.

Giftige Pflanzenteile: alle, besonders Knolle und Samen; auch getrocknet im Heu noch giftig.

Wirkung des Gifts: Fressunlust, vermehrtes Speicheln und Kreislaufstörungen, blutiger Harnabsatz oder Koliken mit blutigem Durchfall. Tod durch Atemlähmung kann nach einem Tag eintreten, aber auch nach einer Woche, da sich das Gift anreichert und nur langsam ausgeschieden wird.

Gefährliche Dosis: ●●● sehr stark giftig; 1200–3000 g frisches Blatt- und Kapselmaterial. 3 Tage nach Aufnahme von 5 kg/Tag Heu mit einem Anteil von 1,48% Herbstzeitlose Kolik und Todesfälle möglich.

Achtung: Herbstzeitlose kann mit Bärlauch verwechselt werden, da sich die Blätter stark ähneln.

Jakobskreuzkraut (Senecio jacobea)

Vorkommen: Straßen- und Wegränder, ungepflegte Weiden mit Trittschäden, Straßenböschungen, Bahndämme, Schuttplätze.

Giftige Pflanzenteile: gesamte Pflanze, auch in Heu und Silage. Höchste Konzentrationen in Blüten und jungen Pflanzen.

Wirkung des Gifts: erhöhte Puls- und Atemfrequenz, Kolik, Krämpfe und Leberschädigung bis zum Leberversagen (akute Vergiftung). Appetitlosigkeit, häufiges Gähnen, beschwerliches Atmen, Abmagern, Absondern von Weidekollegen. Verstopfung oder blutiger Durchfall, Verschlechterung des Sehvermögens bis zur Blindheit, Gelbsucht, zielloses Umherwandern, Tod durch Leberkoma (chronischer Verlauf).

Gefährliche Dosis: ●●● sehr stark giftig, tödliche Dosis: für ein erwachsenes Pferd ca. 20–30 kg der frischen Pflanze oder zwei bis vier Kilogramm getrocknetes Kraut im Heu – angesammelt über ein ganzes Leben!

Achtung: Wichtige Informationen zum Jakobskreuzkraut finden Sie beim Arbeitskreis Kreuzkraut e. V. unter www.jacobskreuzkraut.de

Giftnotrufzentrale

Institut für Veterinärpharmakologie und -toxikologie, Zürich

Telefon +41 (0) 44 635 87 61

www.vetpharm.unizh.ch

6 Anhang

Lebensbaum (Thuja occidentalis, Thuja orientalis)
Vorkommen: Zier- und Gartenstrauch.
Giftige Pflanzenteile: alle, besonders Blätter, Zweigspitzen und Zapfen, auch das Holz.
Wirkung des Gifts: Hautreizungen und -entzündungen sowie bei innerer Aufnahme Kolik, Magen- und Darmentzündungen, Krämpfe und Nieren- sowie Leberschädigungen.
Gefährliche Dosis: ●●● sehr stark giftig; ca. 500 g wirken giftig; tödliche Dosis nicht bekannt

Oleander (Nerium oleander)
Vorkommen: Garten und als Kübelpflanze
Giftige Pflanzenteile: ganze Pflanze, auch getrocknet! Blätter haben den höchsten Giftgehalt in der Blütezeit.
Wirkung des Gifts: Kolik, Diarrhöe (evt. blutig), Schleimhautirritation, Herzrhythmusstörung, kalte Extremitäten. Der Tod kann sehr schnell durch Herzlähmung eintreten.
Gefährliche Dosis: ●●● sehr stark giftig, tödliche Dosis: 15–20 g grüne Oleanderblätter (etwa 20–60 Stück).

Rosskastanie (Aesculus hippocastanum)
Vorkommen: als Straßen- und Parkbaum
Giftige Pflanzenteile: Alle Pflanzenteile, besonders unreife Früchte und grüne Kapselschalen.
Wirkung des Gifts: starker Durst, Unruhe, Ängstlichkeit, Kolik, Durchfälle, Muskelzucken und Benommenheit, Todesfälle möglich, aber selten.
Gefährliche Dosis: ●● stark giftig; Gefahr besteht im Herbst auf Pferdeweiden mit größeren Kastanienbeständen

Toxizitätsgrad	Symbol	Klinische Kriterien
schwach giftig	(●)	Vergiftungssymptome erst nach Aufnahme massiver Pflanzenmengen.
giftig	●	Klinische Störungen nach Aufnahme großer Pflanzenmengen.
stark giftig	●●	Vergiftungsanzeichen nach Aufnahme kleiner Pflanzenmengen.
sehr stark giftig	●●●	Gefährdung schon nach Aufnahme geringer Pflanzenmengen.

Landwirtschaftliche Untersuchungs- und Forschungsanstalten

Verband Deutscher Landwirtschaftlicher Untersuchungs- und Forschungsanstalten
Bismarckstraße 41 A,
D-64293 Darmstadt
Tel.: 06151/95 58 40
Fax: 06151/29 33 70
www.vdlufa.de
info@VDLUFA.de

Landwirtschaftskammer Rheinland Untersuchungszentrum Bonn-Roleber
Siebengebirgsstraße 200
D-53229 Bonn
Tel.: 0228/7030
Fax: 0228/7038498
www.landwirtschaftskammer.de
info@lwk.nrw.de

Bayerische Hauptversuchsanstalt für Landwirtschaft Bioanalytik Weihenstephan
Alte Akademie 1
D-85350 Freising
Tel.: 08161/713381
Fax: 08161/714216
www.wzw-bioanalytik.de
ute.egolf@tum.de

Bayerische Landesanstalt für Bodenkultur und Pflanzenbau
Vöttinger Straße 38
D-85354 Freising
Tel.: 08161/7158 00
Fax: 08161/7158 09
www.lfl.bayern.de
stabstelle@lfz.bayern.de

Landesanstalt für Landwirtschaft Forsten und Gartenbau
Schiepziger Straße 29
D-06120 Halle
Tel.: 0345/5581 00
Fax: 0345/5584 102
www.llg-lsa.de
poststelle.hal@lfg.mlu.sachsen-anhalt.de

Landwirtschaftliche Untersuchungs- und Forschungsanstalt
Finkenborner Weg 1a
D-31787 Hameln
Tel.: 05151/9871 0
Fax: 05151/9871 11
www.lufa-nord-west.de/lufa_109.php
ifb@lufa-nord-west.de

Thüringer Landesanstalt für Landwirtschaft (TLL)
Naumburger Straße 98
D-07743 Jena
Tel.: 03641/6830
Fax: 03641/68390
www.thueringen.de/de/tll/
postmaster@tll.thueringen.de

Staatl. Landw. Untersuchungs- und Forschungsanstalt Augustenberg
Neßlerstraße 23
D-76227 Karlsruhe
Tel.: 0721/9468 0
Fax: 0721/9468 112
www.ltz-bwl.de
poststelle@ltz-bwl.de

6 Anhang

Hessisches Dienstleistungszentrum für Landwirtschaft, Gartenbau und Naturschutz (HDLGN)
Kölnische Str. 48 - 50
D-34117 Kassel
Tel.: 0561/7299 0
Fax: 0561/7299 220
www.llh-hessen.de
zentrale@ llh-hessen.de

Sächsisches Staatsministerium für Umwelt und Landwirtschaft/LUFA
Archivstr. 1
D-01097 Dresden
Tel.: 0351/564 0
Fax: 0351/564 2059
www.smul.sachsen.de
poststelle@ smul.sachsen.de

Landwirtschaftskammer Westfalen-Lippe Untersuchungszentrum Münster – LUFA
Nevinghoff 40
D-48174 Münster
Tel.: 0251/2370
Fax: 0251/6521
www.landwirtschaftskammer.de
info@lwk.nrw.de

Landwirtschaftskammer Niedersachsen
Mars-la-Tour-Str. 113
D-26121 Oldenburg
Tel.: 0441/801 0
Fax: 0441/801 8
www.lwk-we.de
info@lwk-niedersachsen.de

Landeslabor Brandenburg
Abteilung Analytik
Templiner Straße 21
D-14473 Potsdam
Tel.: 0331/2326-240
Fax: 0331/2326-226
www.landeslabor.brandenburg.de
ludger.anders@brandenburg.de

Landwirtschaftliche Untersuchungs- und Forschungsanstalt der LMS
Graf-Lippe-Straße 1
D-18059 Rostock
Tel.: 0381/20307 0
Fax: 0381/20307 90
www.lms-lufa.de
info@lms-lufa.de

Landwirtschaftliche Untersuchungs- und Forschungsanstalt Speyer
Obere Langgasse 40
D-67346 Speyer
Tel.: 06232/136 0
Fax: 06232/136 110
www.lufa-speyer.de
poststelle@lufa.de

Landesanstalt für landwirtschaftlichen Chemie (710) der Universität Hohenheim
Emil-Wolff-Straße 14
D-70599 Stuttgart
Tel.: 0711/459 22671
Fax: 0711/459 3495
www.uni-hohenheim.de
postmaster@uni-hohenheim.de

Kleines Lexikon der Pferdefütterung und der Futtermittelkunde

Acidose
Übersäuerung

Amylase
Stärke spaltendes Enzym

anaerob
unter Luftabschluss, ohne Sauerstoff

Alfalfa
Luzerne, hochwertige Futterpflanze mit hohem Gehalt an Eiweiß, Calcium, ß-Carotin und Spurenelementen.

Alfalfa-Saponin
Bitterstoff aus Luzerne, kann bei älteren Pflanzen evtl. zu Geschmacksbeeinträchtigungen führen.

Alkaloid
Pflanzeninhaltsstoffe mit verschiedenen Wirkungen auf den Stoffwechsel, evtl. mit Dopingwirkungen, wie zum Beispiel bei Hordenin, das beim Keimen von Gerste entsteht.

Alleinfutter
Futtermittel, das sowohl Raufutter als auch Kraftfutterkomponenten enthält, z.B. in Brikettform.

Aminosäuren
Bausteine der Eiweißmoleküle, bestehend aus Kohlenstoff, Wasserstoff, Stickstoff und Kohlenstoff. Können nur zum Teil vom Pferd selbst gebildet werden. Essentielle Aminosäuren, wie Lysin, Threonin oder Tryptophan müssen über das Futter zugeführt werden.

Anschoppungskoliken
Eine Verstopfungskolik, die z. B. durch hohe Mengen an rohfaserreichem Futter (überständiges Heu oder Stroh) entsteht. Aber auch Windhalm oder Lieschblätter von Mais können Verstopfungen hervorrufen.

Beta-Carotin = ß-Carotin
In grünen Pflanzen reichlich vorkommende Vorstufe des Vitamin A, Sonderwirkung in Richtung Fruchtbarkeit.

Botulismus
Durch das Bakterium Clostridium botulinum hervorgerufene Erkrankung. Der Errgeger gelangt über Erdbeimengungen oder Tierkadaver in Silageballen. Vergiftungen mit Lähmungen sind die Folge, u. U. auch tödlich.

Caecum
Blinddarm

Calciumphosphate
Verbindungen aus Calcium und Phosphor, z. B. im Knochen. Aber auch im Boden vorhanden und werden als Düngemittel eingesetzt.

Chips
In der Praxis übliche Bezeichnung für Knochen- und Knorpelabsplitterungen. Wissenschaftlich: Osteochondris dissecans.

6 Anhang

CK-Werte
Creatinkinase. Enzym des Muskelstoffwechsels. Das Enzym findet man in allen Muskelzellen und im Gehirn.

Diät
Ein bestimmter Rationstyp

diätetisch
von Diätetik (Lehre von der Ernährung) abgeleitet

Diätfuttermittel
Futtermittel mit Sonderwirkungen für spezielle Ernährungszwecke. Diätfuttermittel sind im Futtermittelgesetz klar definiert.

Ekzem
Meist nässender, juckender Hautausschlag

Elektrolyte
Mineralsalze, die den Wasser- und Säurehaushalt im Körper regeln.

Ergänzungsfutter
Futtermittel, die die Nährstofflücken aus der Grundversorgung ausgleichen.

Extrudieren
Technisches Verfahren zum Aufschluss von Futtermitteln. Bei Druck und Hitze werden die Stärkemoleküle von z.B. Mais und Gerste aufgeschlossen und sind so für den Dünndarm des Pferdes leichter verdaulich. Zusätzlich werden schädliche Keime durch Hitze abgetötet.

Fermentation
Umsetzung von Nährstoffen durch Bakterien, z. B. Gärprozesse, typisch für die Verdauung im Blinddarm und Grimmdarm des Pferdes.

Frischmasse
Futter im natürlichen Zustand, d.h. ungetrocknet, im Gegensatz zur Trockenmasse

Fruktane
Zucker in Gräsern, für den Stoffwechsel der Gräser wichtig, in höheren Mengen Auslöser der Hufrehe.

Fusarien
Feldpilze, die z. B. Getreide und Gräser befallen und Giftstoffe produzieren.

Gangmaße
Tempounterschiede in den Grundgangarten des Pferdes. Wichtig für die Bedarfsermittlung zur Rationsberechnung.

Glutathionperoxidase
ein Selen enthaltendes Enzym, das Zellmembranen vor schädlichen Oxidationsprodukten, den Peroxiden schützt. Mit Vitamin E sehr wichtig für den gesunden Muskelstoffwechsel.

Grobfutter
siehe Raufutter

Grünmehle
Aus grünen Pflanzen, vor allem Wiesengras und Luzerne nach Trocknen und Vermahlen gewonnene Futtermittel.

Kleines Lexikon der Pferdefütterung und der Futtermittelkunde

güst
nicht tragend

Hufrehe
Eine durch die Entzündung der Hutlederhaut gekennzeichnete Erkrankung. Ursachen: Belastungen, Giftstoffe oder Fütterungsfehler, wie zum Beispiel Überversorgung mit Mais- oder Gerstenstärke, hohe Fruktangehalte im Weidegras oder Mangel an Grobfutter.

hydrothermischer Aufschluss
Behandlung mit heißem Wasserdampf, z. B. zur Stärkebehandlung.

Internationale Einheit = I.E.
Maßeinheit für Vitamine.
Zum Beispiel 1 I.E. Vitamin E = 1 mg DL-alpha Tocopherol 1 I.E. Vitamin A = 0,3 Mikrogramm Vitamin A-Alkohol 1 I.E. Vitamin D = 0,025 Mikrogramm Vitamin D3

Knöllchenbakterien
Bakterien im Wurzelbereich von kleeartigen Pflanzen (z. B. Luzerne), die in der Lage sind, den Luftstickstoff zu binden. Bevor Luzerne neu angebaut werden kann, muss der Boden mit Knöllchenbakterien beimpft werden.

Kolik
Sammelbegriff für schmerzhafte Erkrankungen im Bauchraum.

Kolostralmilch
Die erste Milch der Stute nach dem Abfohlen, in den ersten 24 Stunden reich an Antikörpern und damit die natürliche Schluckimpfung für das Fohlen.

Kraftfutter
Futtermittel, die aufgrund ihres Energiegehaltes den erhöhten Bedarf abdecken und Energielücken der Grundration ausgleichen.

Leguminosen
Kleeartige Pflanzen, z. B. Weißklee, Rotklee, Luzerne usw., zeichnen sich durch höhere Eiweißgehalte aus.

Leptospirose
Eine durch so genannte Leptospiren hervorgerufene Erkrankung, die durch Nagerkot und -urin übertragen werden kann. Nierenschädigungen und andere Vergiftungssymptome können die Folge sein.

Lysin
Die wichtigste, nicht vom Organismus selbst gebildete Aminosäure.
Muss bei stärker beanspruchten Pferden sowie bei Zuchtpferden und Aufzuchtpferden immer ergänzt werden.

Maniokwurzel
Wurzel der Maniokpflanze, liefert sehr viel Stärke, das Mehl daraus wird als Tapioka gehandelt und ist für Pferde schwer verdaulich.

Medicago sativa
Wissenschaftlicher Name für Luzerne

Medien
Antikes Reich im Orient, im Bereich von Euphrat und Tigris, daher rührt der Name Medicago für Luzerne oder auch die frühere Bezeichnung medischer Klee.

Anhang

Megajoule
Maßeinheit für die Energie, wichtig für die Berechnung des Leistungsbedarfs von Pferden und zum Vergleich des Energiegehaltes von Futtermitteln.

Mikroben
Kleinstlebewesen, wie Bakterien, Geißeltierchen, Pilze

Mikroorganismen
siehe Mikroben

Milben
Weit verbreitete Gruppe von Haushalts- und Vorratsschädlingen.

Mineralfutter
Futtermittel, die überwiegend mineralische Anteile, wie Calcium-, Phosphor-, Natriumverbindungen und andere Mineralsalze enthalten.

Mineralien
hier: Sammelbegriff für anorganische Stoffe, die für das Pferd wichtig sind.

Mischfutter
Industriell hergestellte Futtermittel aus verschiedenen Einzelkomponenten.

Niacin
In der Praxis verwendeter Oberbegriff für Nicotinsäure und Nicotinsäureamid, die beide Vitamincharakter besitzen. Mangel beim Pferd eher unwahrscheinlich, höchstens bei einseitiger Körnermaisfütterung oder Mangel an der Aminosäure Tryptophan.

Nicotinamid
Amidverbindung der Nicotinsäure

Obsttrester
Bei der Obstsaftherstellung anfallende Pressrückstände, sehr pectinhaltig und daher sehr quellfähig, d. h. nur in kleinen Mengen sehr gut vermahlen oder in aufgeweichtem Zustand verfüttern.

Omega-3-Fettsäuren
Wertvolle mehrfach ungesättigte Fettsäuren, z. B. in Leinöl.

Osteochondrose
Knorpelerkrankung vor allem bei Pferden mit erblicher Veranlagung, bei Bewegungsmangel und unausgewogener Ernährung in der Jugendentwicklung.

Oxidationsprozess
hier: im Zusammenhang mit Verderb von Fettsäuren durch Oxidieren werden Fette ranzig und sind äußerst gesundheitsschädlich, u. a. Ursache für den Verderb von Quetschhafer.

Parasiten
Schädliche Lebewesen, die auf Kosten eines Wirtstieres leben. Beim Pferd vor allem verschiedene Darmwürmer, die starke Schäden an den Blutgefäßen und an den Schleimhäuten im Verdauungstrakt anrichten können. Verursacher von Koliken.

Pektine
Gerüstsubstanz in Pflanzen, gelbildend und bei Wasseraufnahme quellend.

Kleines Lexikon der Pferdefütterung und der Futtermittelkunde

Pellet
Pressform für Futtermittel aus verschiedenen Komponenten, wie Getreide, Luzernegrünmehl, Trockenschnitzel, Leinschrot. Vorteile: Mischgenauigkeit, Lagerfähigkeit, günstiges Transportvolumen, gute Haltbarkeit.

Peroxide
Durch Oxidation entstandene Stoffwechselprodukte, die Zellwände stark schädigen.

pH-Wert
Der pH-Wert ist ein Maß für den Säuregrad einer Lösung. Der Begriff leitet sich von Pondus Hydrogenii (lat. pondus = Gewicht; Hydrogenium = Wasserstoff) ab.
pH0 bis <7   – saure Lösung
pH = 7   – neutrale Lösung
pH > 7 bis 14   – alkalische Lösung

praecaecal
Vor dem Blinddarm, d. h. im Dünndarm

Protein
Wissenschaftliche Bezeichnung für Eiweiß, aus Aminosäuren aufgebaut, Bestandteil vor allem der Muskulatur. Hohe Proteingehalte in der Nahrung sind vor allem für Zuchtpferde, Fohlen sowie Sportpferde in der Phase des Muskelaufbautrainings wichtig.

Raufutter = Grobfutter
Oberbegriff für strukturierte, grobstängelige Grundfuttermittel, wie Heu, Silage, Stroh.

Rosse
Brunsterscheinungen bei der Stute, in der Regel alle 21 Tage

Saftfutter
Futtermittel mit hohem Wassergehalt, z. B. Möhren

Silage
Durch Milchsäuregärung konservierte Futtermittel (z.B. Gras- und Maissilage).

Silieren
Silage gewinnen

Sommerekzem
eine besonders bei Robustrassen ausgeprägte Hauterkrankung

Spelz
äußere Hülle bei Getreidekörnern, ausgeprägt bei Hafer und Dinkel, sehr ballaststoffreich, häufig mit Schadorganismen belastet.

Spurenelemente
Mineralische Stoffe, die in kleinsten Mengen wirksam sind (Dosierung in Milligramm).

Sumerer
Volksstamm des Altertums im Orient, Erfinder der Keilschrift

Tapioka
Stärkemehl der Maniokpflanze

Toxine
Giftstoffe, z. B. Fusarientoxine, giftige Stoffwechselprodukte der Pflanzen befallenden Feldpilze, die gefährliche Erkrankungen beim Pferd auslösen können.

Anhang

Triticale
Getreideart, Neuzüchtung aus der Kreuzung von Weizen und Roggen, vereint die Vorteile beider Pflanzen (allerdings auch die Nachteile für die Pferdefütterung).

Trockenmasse
Der Anteil des Futtermittels, der bei vollständigem Wasserentzug übrig bleibt. Die Trockenmasse von Weidegras zum Beispiel steigt im Verlauf des Wachstums an. Der entsprechende Gegenbegriff ist Frischmasse.

Trockenschnitzel
Bei der Produktion von Rübenzucker anfallendes Futtermittel.

Tryptophan
Essentielle Aminosäure, d. h. kann vom Organismus nicht gebildet werden und muss über die Nahrung zugefügt werden.

Weißmuskelkrankheit
Degeneration der Muskulatur, vor allem bei Fohlen, durch Selenmangel hervorgerufen. Folgen: Saugschwäche und geringe Vitalität.

Zeigerpflanzen
zeigen einen bestimmten Zustand des Bodens an.

Abkürzungen auf einen Blick

Ca	Calcium
CK-Werte	Creatinkinase
CA : P	Calcium-Phosphor-Verhältnis
DE	digestible energy (verdauliche Energie)
g	Gramm
GfE	Gesellschaft für Ernährung
IE	Internationale Einheiten
K	Kalium
Kg	Kilogramm
KG	Körpergewicht
LM	Lebensmonat
LUFA	Landwirtschaftliche Untersuchungs- und Forschungsanstalt
ME	metabolizable energy (umsetzbare Energie)
Mg	Magnesium
ml	Milliliter
MJ	Megajoule
N	Stickstoff
Na	Natrium
P	Phosphor
T	Trockensubstanz (ursprüngliches Futter ohne enthaltenes Wasser)
vRP	verdauliches Rohprotein
XF	Rohfaser
XL	Rohfett
XP	Rohprotein
XX	Stickstofffreie Extrastoffe

Literaturverzeichnis

Ahlswede, L. (1991)
Pferdefütterung in: Pferdehaltung
Hrsg. H. Pirkelmann
2. neu bearb. und erweiterte Auflage
Stuttgart, Ulmer

Ahlswede, L. (1995)
Möglichkeiten der praktischen Pferdefütterung in: Handbuch Pferd.
5. überarbeitete und erweiterte Auflage
München, BLV Verlag

Coenen, Manfred (1997)
Die Fütterung des Sportpferdes
aus der Sicht der Wissenschaft
in: Tagungsband der 9. FFP-Tagung
Hrsg. A. Lindner

DLG-Futterwerttabellen für Pferde
(1995)
3. erweiterte und neu gestaltete Auflage
Frankfurt am Main, DLG-Verlag

DLG-Arbeiten (2002)
Praxisgerechte Pferdefütterung
Band 198

Ehrenberg, Paul (1954)
Die Fütterung des Pferdes
Radebeul und Berlin, Neumann Verlag

Ausschuss für Bedarfsnormen
der Gesellschaft für Ernährungsphysiologie
der Haustiere (1994)
Empfehlungen zur Energie- und Nährstoffversorgung der Pferde
2. neu bearbeitete Auflage
Frankfurt am Main, DLG-Verlag

Finkler-Schade, Christa (1997)
Felduntersuchung während der Weideperiode zur Ernährung von Fohlenstuten
und Saugfohlen sowie zum Wachstumsverlauf der Fohlen
Dissertation, Universität Bonn

Finkler-Schade, Christa
in: Aufzucht gesunder Pferde
Hrsg. A. Lindner

Franke, Wolfgang (1976)
Nutzpflanzenkunde
Stuttgart, Georg Thieme Verlag

Frohne, D. und H. J. Pfänder (1997)
Giftpflanzen
4. neu bearbeitete und erweiterte Auflage
Stuttgart, Wissenschaftliche Verlagsgesellschaft

Hackländer, R. (1997)
Praxisorientierte Untersuchungen
zur Fütterung und zum Wachstum
von Warmblutpferden nach dem
Absetzen während der Stallperiode
Dissertation, Universität Bonn

Anhang

Handbuch der Futtermittelkunde
Band I (1965), Band II (1967),
Band III (1969)
Verlag Paul Parey

Heüveldop, Sabine (2002)
Atemwege
Verlag Müller Rüschlikon

Heüveldop, Sabine (2005)
Notfall-Ratgeber Pferd
Verlag Müller Rüschlikon

Heüveldop, Sabine;
Hackbarth, Annette (2003)
Alte Pferde
Verlag Müller Rüschlikon

Hybrimin
Programm zur Rationsberechnung

Kamphues, Josef (1996)
Risiken durch Mängel in der hygienischen
Qualität von Futtermitteln für Pferde
in: Pferdeheilkunde 12 (3), 326–332

Kamphues, Josef (1997)
Risiken für Gesundheit und Leistung von
Pferden durch Mängel in der hygienischen
Beschaffenheit von Futtermitteln
in: Tagungsband zur 9. FFP-Tagung
Hrsg. A. Lindner

Meyer, H. und Coenen, M.
Pferdefütterung
4. aktualisierte Auflage
Berlin, Blackwell

Opitz von Boberfeld, Wilhelm (1996)
Weidemanagement im Gestüt
Tagungsband zur 8. FFP-Tagung

Schiele, E. (1987)
Giftig für Pferde
in: Trakehner Hefte 7 (4), 69–80

Schmidt, R,; Häusler-Naumburger, U.;
Dübbert, T. (2002)
Hufrehe
Verlag Müller Rüschlikon

Schwark, H.-J. (1978)
Pferde Nutzung – Züchtung – Fütterung
Berlin, VEB Deutscher Landwirtschaftsverlag

Uppenborn, Wilhelm (1972)
Pferdezucht und Pferdehaltung
4. Auflage
Verlag Bintz-Dohany

Von Oettingen, Burchard (1921)
Die Pferdezucht
Verlag Paul Parey

Wintzer, Hans-Jürgen und Jaksch, W. (1982)
in: Krankheiten des Pferdes
Verlag Paul Parey

Stichwortregister

Abfohltermin 83, 84, 94
Absatzfohlen 93
aerob 67
Alkaloide 45
Allergie 141
Alte Pferde 102f.
Aminosäuren 22
Arbeit
, leichte 73, 80
, mittlere 65, 74, 81
, schwere 75
Aufzucht
, mutterlose 92, 93
-pferde 82

B-Vitamine 19, 31, 48
Beifütterung 91, 92
Bierhefe 48
Blinddarm 18
Blut 152
-inhaltsstoffe 156
-untersuchung 152
-verfettung 141
-zuckerspiegel 66, 70
Body condition score 154

Calcium 27, 28, 152
-mangel 27
Calcium-Phosphor-Verhältnis 27, 66, 91
Carotin, ß-, 31, 32
Chlor 27, 28

Darmflora 91, 110, 138
Deklaration 54
Diätfuttermittel 146, 147, 149
Dickdarm 17, 18, 19, 24, 66
Dinkel 48
Disaccharide 23
Distanzpferd 71
Doping 150
-gefahr 45
-prävention 150
-relevanz 151
Dressurpferd 68
Dünndarm 17, 24, 26
Durchfallrisiko 61
Durchsaat 118

Eisen 27, 29, 30
Einzelfuttermittel 38
Eiweiß 11, 22, 23, 62
-bedarf 110
-überschuss 62
-versorgung 153
Ekzem 141
Ekzemerpferd 78
Elektrolyt 35, 66, 70, 71
-verlust 67, 147
Energie 56
-angaben 58
-bedarf 59f., 65, 66, 67, 68, 71, 86
-gehalt 25, 100
, umsetzbare 57
-träger 100
, verdauliche 56, 70, 99, 122
Ergänzungsfutter 35
Erhaltungsbedarf 72, 98

Fett 17, 22, 25
-verdauung 25
Flachs (s. Lein)
Flüssigkeitsbedarf 105
Fohlen 27, 66, 82, 87, 96, 97
-aufzucht 91
-aufzuchtfutter 91
-fütterung 91
Fruchtbarkeit 20, 32
Fruktane 108, 138
Futter
-bewertung 56
-hygiene 104
-konservierung 120
-mittelhygiene 128
-ration 60f.,
Fütterungs
-fehler 79, 133
-strategie 96, 97
-kontrolle 152

Gallenblase 25
Gaskolik 133
Gebiss 130
Geilstellen 116
Gerste 43f.
Gerstenkrankheit 44
Giftpflanzen 146, 158f.
Grasgrünmehl 49
Grassilage 40
Grimmdarm 18
Grobfutter 38
Gruel 147
Grünlandarten 115, 116

Anhang

-produkte 32,
Grundfutter 103, 123

Hafer 11, 41f.
Haflinger 79, 99
Haken 130
-zahn 130
Hautekzem 141
Heu 38f., 121
-gewinnung 121
Hirse 47,
Hochträchtigkeit 83
Hufrehe 11, 18, 44, 94, 136f.

Islandpferd 77

Jährling 94
Jod 27, 29
Jungpferde 27, 46

Kalium 27, 28, 35
Kaltblutpferd 76
Keimgehalt 129
Kochsalz 34
Kohlenhydrate 22, 23
Kolik 109, 128, 131, 133f.
-operation 135
Kolostralmilch 91
Kraftfutter 22, 26, 38, 41f., 50, 103
Kräuter 148
Kreuzverschlag 141
Krippenfutter 50
Kupfer 27, 29, 30

Laktose 23
Leber
-funktionsstörungen 140
-schäden 128
Leckschale 35
Lein 49
-öl 25, 32, 70,
Leistungsbedarf 100
, energetischer 63
Luzerne 45f.
-heu 46

Magen 16, 24
-geschwür 101, 132
-säure 17
Magnesium 27, 28
Mais 42f.
Mangan 27, 29, 34,
Mash 109, 147

Mengenelemente 27, 28, 35, 111,
Milchbildung 20, 27
Milchsäure 66
-bildung 39
-gärung 40, 121
Mineralfutter 27, 35
Mineralien 27f.
Mineral
-leckstein 32
-stoffbedarf 27, 87, 105
-stoffe (siehe Mineralien)
Mischfutter 52
Monosaccharide 23
Müdigkeit 79
Müsli 52
Muskulatur 66
Mutter
-milch 91
-stute 85

Nachsaat 118
Nährstoff 22
-gehalte 64
-versorgung 156
Natrium 27, 28
Neuansaat 118
Nierenkolik 27
Nierenschäden 128, 140

Öl 25, 26, 31
Omega-3-Fettsäuren 25, 70
Osteochondrose 92

Pellets 53
Phosphor 27, 28
pH-Wert 18, 25, 40, 117
Polysaccharide 23
Pony 80, 81
-rassen 99
Protein 17, 58
-bedarf 86

Ration, getreidearme 77
Rations
-berechnung 56, 61, 65,
-gestaltung 47,
Raufe 124, 125
Raufutter 38, 39f., 66
Reitpony 78
Rennpferd 66
Robustrassen 100
Roggen 48,
Rohasche 55

Stichwortregister

Rohfaser 55, 66, 122
-mangel 94, 98, 107, 110
-gehalte 121
Rohfett 55
Rohprotein 55, 122
-bedarf 98, 99
-gehalt 123

Saccharose 23,
Saftfutter 38, 41f.
Salzleckstein 34f.
Sandkolik 133
Schimmelpilze 128
Schlundverstopfung 132
Schmutzbelastung 129
Schwefel 27, 28
Selen 27, 29, 70
Silage 39, 120, 128
-gewinnung 120
Silierfähigkeit 120
Sojabohne 49
-schrot 49
Sommerekzem 141
Speiseröhre 132
Springpferd 67
Spurenelemente 27, 29, 30f., 35, 110
Stallfütterung 109
Stärke 17, 23, 58
-gehalt 44, 66
-träger 60
-verdaulichkeit 48, 52
-verdauung 17
Stickstoffdüngung 117
Stoffwechsel 27
, kataboler 102
-probleme 67
-störungen 103, 128, 136
Stroh 40f.
Stute 82
, laktierende 88, 89, 90

Tapioka 49
Toxine 144, 145
Toxinbildung 18
Trächtigkeit 27
Trockengrasprodukte 41f.

Überbiss 130
Überdüngung 124
Übergewicht 100
Übersaat 118
Übersäuerung 101
Unkraut 122, 124

Untergewicht 101

Verdauung 16
Verdauungstrakt 130
Vergiftung 32, 146
Verstopfung 25, 100
-skolik 22, 26, 100, 133
Vielseitigkeitspferd 69
Vitaminbedarf 105
Vitamine 31f.,
Vitaminmangel 32

Wasser 26
Weender Futtermittelanalyse 55
Weide 106f., 110, 114f.
-einrichtungen 125
-gang 110
-gras 108
-leistung 110
-management 122
-saison 110
Weidelgras 114
Weißmuskelkrankheit 31
Weizen 47
-keimöl 25, 32
-kleie 47
Winterfütterung 107
Wolfszahn 130

Zahn
-gesundheit 130
-probleme 104, 105, 131
Zink 27, 29, 30
Zuchtpferde 82
Zuchtstuten 110, 123
-ergänzungsfutter 84
Zweijährige 98

Fütterungs-Hotline

Haben Sie Fragen zur Pferdefütterung oder Futtermitteln?
Dann wenden Sie sich an Claudia König

c.koenig@motorbuch.de
Betr.: Fütterungs-Hotline

Wir leiten Ihre Anfragen gerne
an den Autor Dr. Hans-Peter Karp weiter.

Auf in den Sattel!

In CAVALLO entdecken Sie die faszinierende Welt der Pferde. CAVALLO überzeugt von der ersten bis zur letzten Seite mit spannenden Reportagen über Reiter- und Pferdepersönlichkeiten, nützlichen Tipps zu Gesundheit, Pflege und Psychologie, sowie kritischen Reitschul-Tests und Hintergrundberichten aus der Szene. Und natürlich allem, was man über die Ausbildung von Pferden wissen muss.

Jeden Monat NEU am Kiosk!